普通高等教育工业设计专业“十二五”规划教材

产品设计

主编　邬琦姝　副主编　梁莉　侯冠华

中国水利水电出版社
www.waterpub.com.cn

内 容 提 要

本教材主要阐述了产品设计的基本理论、产品创新设计、产品设计与人机工程学、设计材料与加工工艺及可持续产品设计，同时，结合产品设计实例，分析了产品创新设计、小家电产品可持续设计及产品设计专利的申请。教材中所介绍的案例多为实际项目，并尽可能地多体现新技术、新工艺和新成果，充分结合了设计专业的实践教学特点。

本教材可以作为各类院校工业设计、产品设计和艺术设计类相近专业学习产品设计的教材；也适用于函授大学和业余大学等院校所设相同课程的教材；或可作为专业培训班、进修班的教材或教学参考书，也可供对产品设计有兴趣的爱好者研读。

图书在版编目（CIP）数据

产品设计/邬琦姝主编．—北京：中国水利水电出版社，2012.5（2017.1 重印）
普通高等教育工业设计专业“十二五”规划教材
ISBN 978-7-5084-9803-4

Ⅰ．①产…　Ⅱ．①邬…　Ⅲ．①产品设计-高等学校-教材　Ⅳ．①TB472

中国版本图书馆 CIP 数据核字（2012）第 101896 号

书　　名	普通高等教育工业设计专业“十二五”规划教材 **产品设计**
作　　者	主编　邬琦姝　　副主编　梁莉　侯冠华
出版发行	中国水利水电出版社 （北京市海淀区玉渊潭南路 1 号 D 座　100038） 网址：www.waterpub.com.cn E-mail：sales@waterpub.com.cn 电话：（010）68367658（营销中心）
经　　售	北京科水图书销售中心（零售） 电话：（010）88383994、63202643、68545874 全国各地新华书店和相关出版物销售网点
排　　版	北京时代澄宇科技有限公司
印　　刷	北京嘉恒彩色印刷有限责任公司
规　　格	210mm×285mm　16 开本　8 印张　203 千字
版　　次	2012 年 6 月第 1 版　2017 年 1 月第 2 次印刷
印　　数	3001—5000 册
定　　价	**36.00** 元

凡购买我社图书，如有缺页、倒页、脱页的，本社营销中心负责调换

丛书编写委员会

普通高等教育工业设计专业“十二五”规划教材
参编院校

清华大学美术学院
江南大学设计学院
北京服装学院
北京工业大学
北京科技大学
北京理工大学
大连民族学院
鲁迅美术学院
上海交通大学
杭州电子科技大学
山东工艺美术学院
山东建筑大学
山东科技大学
东华大学
广州大学
河海大学
南京航空航天大学
郑州大学
长春工程学院
浙江农林大学
兰州理工大学
辽宁工业大学
天津理工大学
哈尔滨理工大学
中国矿业大学
佳木斯大学
浙江理工大学
青岛科技大学
中国海洋大学
陕西理工大学
嘉兴学院
中南大学
杭州职业技术学院
浙江工商职业技术学院
义乌工商学院
郑州航空工业管理学院
中国计量学院
中国石油大学
长春工业大学
天津工业大学
昆明理工大学
北京工商大学
扬州大学
广东海洋大学

序

Foreword

工业设计的专业特征体现在其学科的综合性、多元性及系统复杂性上，设计创新需符合多维度的要求，如用户需求、技术规则、经济条件、文化诉求、管理模式及战略方向等，许许多多的因素影响着设计创新的成败，较之艺术设计领域的其他学科，工业设计专业对设计人才的思维方式、知识结构、掌握的研究与分析方法、运用专业工具的能力，都有更高的要求，特别是现代工业设计的发展，在不断向更深层次延伸，愈来愈呈现出与其他更多学科交叉、融合的趋势。通用设计、可持续设计、服务设计、情感化设计等设计的前沿领域，均表现出学科大融合的特征，这种设计发展趋势要求我们对传统的工业设计教育做出改变。同传统设计教育的重技巧、经验传授，重感性直觉与灵感产生的培养训练有所不同，现代工业设计教育更加重视知识产生的背景、创新过程、思维方式、运用方法，以及培养学生的创造能力和研究能力，因为工业设计人才的能力是发现问题的能力、分析问题的能力和解决问题的能力综合构成的，具体地讲就是选择吸收信息的能力、主体性研究问题的能力、逻辑性演绎新概念的能力、组织与人际关系的协调能力。学生们这些能力的获得，源于系统科学的课程体系和渐进式学程设计。十分高兴的是，即将由中国水利水电出版社出版的“普通高等教育工业设计专业‘十二五’规划教材”，有针对性地为工业设计课程教学的教师和学生增加了学科前沿的理论、观念及研究方法等方面的知识，为通过专业课程教学提高学生的综合素质提供了基础素材。

这套教材从工业设计学科的理论建构、知识体系、专业方法与技能的整体角度，建构了系统、完整的专业课程框架，此一种框架既可以被应用于设计院校的工业设计学科整体课程构建与组织，也可以应用于工业设计课程的专项知识与技能的传授与培训，使学习工业设计的学生能够通过系统性的课程学习，以基于探究式的项目训练为主导、社会化学习的认知过程，学习和理解工业设计学科的理论观念，掌握设计创新活动的程序方法，构建支持创新的知识体系并在项目实践中完善设计技能，“活化”知识。同时，这套教材也为国内众多的设计院校提供了专业课程教学的整体框架、具体的课程教学内容以及学生学习的途径与方法。

这套教材的主要成因，缘起于国家及社会对高质量创新型设计人才的需求，以及目前我国新设工业设计专业院校现实的需要。在过去的二十余年里，我国新增数百所设立工业设计专业的高等院校，在校学习工业设计的学生人数众多，亟须系统、规范的教材为专业教学提供支撑，因为设计创新是高度复杂的活动，需要设计者集创造力、分析力、经验、技巧和跨学科的知识于一起，才能走上成功的路径。这样的人才培养目标，需要我们的设计院校在教育理念和哲学思考上做出改变，以学习者为核心，所有的教学活动围绕学生个体的成长，在专业教学中，以增进学生们的创造力为目标，以工业设计学科的基本结构为教学基础内容，以促进学生再发现为学习的途径，以深层化学习为方法、以跨学科探究为手段、以个性化的互动为教学方式，使我们的学生在高校的学习中获得工业设计理论观念、专业精神、知识技能以及国际化视野。这套教材是实现这个教育目标的基石，好的教材结合教师合理的学程设计能够极大地提高学生们的学习效率。

改革开放以来，中国的发展速度令世界瞩目，取得了前人无以比拟的成就，但我们应当清醒地认识到，这是以量为基础的发展，我们的产品在国际市场上还显得竞争力不足，企业的设计与研发能力薄弱，产品的设计水平同国际先进水平仍有差距。今后我国要实现以高新技术产业为先导的新型产业结构，在质量上同发达国家竞争，企业只有通过设计的战略功能和创新的技术突破，创造出更多、自主品牌价值，才能使中国品牌走向世界并赢得国际市场，中国企业也才能成为具有世界性影响的企业。而要实现这一目标，关键是人才的培养，需要我们的高等教育能够为社会提供高质量的创新设计人才。

从经济社会发展的角度来看，全球经济一体化的进程，对世界各主要经济体的社会、政治、经济产生了持续变革的压力，全球化的市场为企业发展提供了广阔的拓展空间，同时也使商业环境中的竞争更趋于激烈。新的技术及新的产品形式不断产生，每个企业都要进行持续的创新，以适应未来趋势的剧烈变化，在竞争的商业环境中确立自己的位置。在这样变革的压力下，每个企业都将设计创新作为应对竞争压力的手段，相应地对工业设计人员的综合能力有了更高的要求，包括创新能力、系统思考能力、知识整合能力、表达能力、团队协作能力及使用专业工具与方法的能力。这样的设计人才规格诉求，是我们的工业设计教育必须努力的方向。

从宏观上讲，工业设计人才培养的重要性，涉及的不仅是高校的专业教学质量提升，也不仅是设计产业的发展和企业的效益与生存，它更代表了中国未来发展的全民利益，工业设计的发展与时俱进，设计的理念和价值已经渗入人类社会生活的方方面面。在生产领域，设计创新赋予企业以科学和充满活力的产品研发与管理机制；在商业流通领域，设计创新提供经济持续发展的动力和契机；在物质生活领域，设计创新引导民众健康的消费理念和生活方式；在精神生活领域，设计创新传播时代先进文化与科技知识并激发民众的创造力。今后，设计创新活动将变得更加重要和普及，工业设计教育者以及从事设计活动的组织在今天和将来都承担着文化和社会责任。

中国目前每年从各类院校中走出数量庞大的工业设计专业毕业生，这反映了国家在社会、经济以及文化领域等方面发展建设的现实需要，大量的学习过设计创新的年轻人在各行各业中发挥着他们的才干，这是一个很好的起点。中国要由制造型国家发展成为创新型国家，还需要大量的、更高质量的、充满创造热情的创新设计人才，人才培养的主体在大学，中国的高等院校要为未来的社会发展提供人才输出和储备，一切目标的实现皆始于教育。期望这套教材能够为在校学习工业设计的学生及工业设计教育者提供参考素材，也期望设计教育与课程学习的实践者，能够在教学应用中对它做出发展和创新。教材仅是应用工具，是专业课程教学的组成部分之一，好的教学效果更多的还是来自于教师正确的教学理念、合理的教学策略及同学习者的良性互动方式上。

2011年5月

于清华大学美术学院

前言

Preface

近年来，由于社会经济的发展，生活水平的提高，人们对产品设计的要求也越来越高，高等院校包括高职类院校的专业设置都按人才的需求作了相应的调整。工业设计或产品设计专业必修的产品设计课程对原有的教材提出了改进的需求，为此编者在原来各种相关教材的基础上，结合多位教师10多年的教学实践经验和实际专业需求，编写了本教材，以满足产品设计课程的教学需要。

经常有学生会问：到底什么才是好的产品设计？什么是专利产品？我们怎样才能设计出好的产品？我们设计的产品能成为专利产品吗……这样的问题在教学中也是值得关注的。也正是基于此种考虑我们编写了本教材，希望可以在更好地进行教学的前提下，培养学生的创新思维。

本教材第1～5章主要阐述产品设计的基本概念、产品创新设计、产品设计与人机工程学、设计材料与加工工艺以及可持续产品设计，是产品设计的理论知识；第6～9章主要是分析产品设计实例。本教材力求内容新颖，尽可能多地吸取新技术、新成果，体现时代感，加强实践性和可操作性。

本教材可以作为各类院校工业设计、产品设计和艺术设计类相近专业学习产品设计的教材；也适用于函授大学和业余大学等院校所设相同课程的教材；也可作为专业培训班、进修班的教材或教学参考书，并可以作为对产品设计有兴趣的爱好者自学用书。

本教材的第1、5、7、8章由邬琦姝编写；第2、6章由侯冠华编写；第3、4章由梁莉编写；第9章由吴冬俊、张春彬整理编写。全书最后由邬琦姝统稿。在编写过程中引用设计方案的部分参与者为娄梦琳、翁剑雄、薛慧春、章李胜、宣明峰、杨帆、张若韵、张博文、杨晟赟及张雅卿等。本教材在编写的过程中，得到了多方面人士的关心和支持，在此表示感谢。

由于编者的水平有限，不足之处，谨请广大读者，尤其诚望老师们不吝指正。

编者

2012年4月

目录

Contents

第1章
Chapter1
概　述

设计是人类有意识、有目的的创造性活动。人类社会的发展与人类这一创造性活动之间的关系密不可分。通过设计，人类不断认识自然并且改造自然环境，使其更加有利于人类的生活方式。人类所掌握的技术种类越多越先进，自身的创新、设计能力也就越强。从古至今，从低级到高级，由简单到复杂，所有人类文明创造的产物都包含了设计。

1.1 产品设计的产生背景和概念

1.1.1 产品设计产生的背景

工业产品设计是伴随着工业革命的产生而出现的。18世纪下半叶首先在英国爆发了工业革命。这场产业革命使欧洲大陆、北美及世界上许多国家从封建社会转入了资本主义社会。人类从此由手工业文明进入到机械工业文明的时代。

工业革命带来了工业文明，其核心是机械化的生产方式。旧有的手工作坊式的生产方式已经不能适应机械化大生产的要求，因此迫切需要产生一种新的产品生产方式。可以说，工业产品设计就是为适应这种新的生产方式而产生的。由工业产品设计所形成的标准化、合理化不仅改变了设计本身，也使机械化大生产得以飞速发展，但最初的产品设计仍带有传统产品的形式与风格。到了19世纪，产品设计中虽然运用了新技术、新材料，但是在产品样式上仍然带有装饰的意义，与现代设计的概念相去甚远。

1919年包豪斯在德国成立。它是世界上第一所推行现代设计教育的学院，具有完整的设计教育宗旨和教学体系。包豪斯的建校宗旨《包豪斯宣言》中指出，“艺术不是一门专门职业，艺术家与工艺技术人员之间并没有根本上的区别”，提倡将艺术与手工艺、科学技术与艺术融合统一。包豪斯的创立者格罗皮乌斯在设计理念上提出：艺术与技术要统一；设计的目的是人而不是产品；设计必须遵循自然与客观的法则进行。

包豪斯所倡导的艺术与科学技术相结合的新精神，不仅发展了现代设计的新风格，对现代设计运动的发展也具有重要的启示作用。它将现代意义上的设计思想引入教学体系之中，使工业设计脱离了单纯的艺术性，其实用性、科学性逐渐被现代人所认识和重视。包豪斯因此被视为现代设计的摇篮。

1.1.2 产品设计的概念

1. 设计

国际工业设计协会（International Council of Societies of Industrial Design，ICSID）在2006年为设计给出了最权威的定义：设计是一种创造性的思维活动，它是为了在物品、过程、服务及它们在全生命周期中构成的系统之间建立起多方面的品质与联系。因此，设计不仅是在人本主义基础上创新技术的构成要素，也是进行精神与文化交流过程中必不可少的关键点。

曾获得过诺贝尔经济学奖的世界著名科学家赫伯特·西蒙认为：设计是一种为了使我们生存的环境能更适合我们生存的一种主观活动，设计是一种能使我们的要求、生产水平的可能性、市场供求和资本转化成对人类有利的结果和产品的一种方法。欧洲的一些学者则认为：设计是一条解决确实存在的问题的必经之路，设计是为了达到某种特定要求或特殊目的，按照一定的顺序进行活动而制定的相应的计划。对于设计的理解，虽然存在着由于地域和文化的不同所引起的差异，但究其设计的内涵和本质又的确相同，那就是设计是为人类更好的生活而进行的一种具有创造性的活动和服务，是将人类的社会需求转化为技术手段或产品的过程。就设计者而言，设计是一种表达方式；就使用者而言，设计则是一种对需求的满足。

2. 产品设计

工业产品设计是在工业、科学技术、艺术和经济发展的前提下产生的新兴学科。1980年国际工业设计协会在巴黎第11次年会上修改后的工业设计定义是：批量生产的工业产品，凭借训练、技术知识经验及视觉感受而赋予材料、结构、构造、形态、表面加工并装饰一新的品质和规格，称为工业设计。同时又指出，根据当时的具体情况，工业设计师应在上述工业产品全部侧面或其中几个侧面进行工作，而且当需要工业设计师对包装、宣传、展示、市场开发等问题付出自己的技术知识和经验及视觉评价能力时，这也属于工业设计范畴。

从这个定义看，广义的工业设计包含了现代工业社会中涉及的所有内容。我们这里研究的对象是狭义的工业设计，即产品设计。产品设计是指工业设计中处理人与自然之间的关系，目的是使人与自然之间的关系变得和谐。一款产品的设计，是将使用者与操作行为和谐化，其中包括技术、艺术、人等因素的和谐。产品设计是一个将人的某种目的或需求通过创造转换为一个具体的技术系统或产品的过程，是满足社会发展、促进社会进步的基本活动之一，其本质是创新。设计的目的是：为了实现预期目标，经过合理准确的分析决策，综合各种具象的、抽象的信息形成设计方案，并通过加工生产将设计方案转化为预期的产品，不断改造自然，为社会提供新颖且性价比高的产品，提高产品的市场占有率和生产企业的经济效益。

1.2 产品设计涉及的学科

《非物质社会》一书曾经提到：在后现代社会中，引导人们工作的主导性结构形式和一个主要特色，就是新技术的无所不在性和随机应变性。从以人力工作发展到以机器工作，再发展到以电脑为工具工作，其间发生的迅速的技术变化导致了个人和群体为适应其特殊工作环境的变化，与这种技术上的变化同时产生的，还有社会的变革和文化的变革；这一变革反映了从一个基于制造和生产物质产品的社会到一个基于服务或非物质产品的社会变化。在这样一些新条件下，设计与不久之前相比，已经变成一个更加复杂和多学科的活动。

产品设计作为设计学科众多门类中的一支，在设计、生产中涉及多门学科的知识。从内部结构上包括了工程学、人机学、电子学等，而外部产品造型则涉及了材料学、艺术设计学、心理学等。然而，产品设计所涉及的学科并不由于内部、外部的结构而截然分开，反而具有相互融合、渗透的特点。随着社会的不断发展和新材料、新工艺、新技术的产生，尤其是信息化社会中日新月异的电子产品的研发，使许多新兴学科也参与到产品设计中来。可以说，产品设计是科学、艺术、经济、社会有机统一的创造性活动。

1.3 产品设计的目的与重要性

1.3.1 产品设计的目的

产品是为了满足人的需求而设计生产的。这是因为无论站在什么角度来研究产品设计，最终产品服务的主角都是人。

对设计者来说，产品的设计是为了满足消费者的各个层面的需求，无论是在实用功能、安全功能层面，还是在审美功能层面，其目的都始终围绕着最终的消费者——人。

对生产者来说，产品投入生产是为了产品在投入市场后经过销售环节进入消费者手中，从中赚取利润。虽然其目的不在产品本身，但是生产者的目的是通过产品间接实现的。

对消费者来说，他们无疑是产品设计的直接使用者和产品设计成功与否的最终鉴定者。

对社会来说，产品设计要体现其可持续性、前瞻性。在产品的设计、生产过程中要减少对资源的浪费和环境的污染。从社会角度看产品设计，社会是指由于共同物质条件而互相联系起来的人群，因此，产品设计的需求主题是人类本身。

1.3.2 产品设计的重要性

1995 ~ 1997 年，苹果公司由于各方面的原因，销售业绩一路下滑，一度陷入了严重的亏损状态。为摆脱困境，公司高层不得不请回了创造苹果神话的原 CEO 史蒂夫·乔布斯。他再一次从产品设计入手，从消费者的心理、生理和精神等需求出发，推出了面向全球理念的 IMAC 电脑。这款新型电脑与以往人们印象中的电脑有很多的不同之处。它不仅将传统 PC 中分离的主机、显示器与音箱融为一体，并且还在产品的外观色彩上抛弃了苹果传统的米黄色外壳，代之以半透明状、五颜六色的彩壳。用半透明的外壳和奇特的半透明鼠标颠覆了传统的电脑给人的生硬、冷漠、难以亲近的形象，使消费者产生一种奇特感、新颖感，因此，尽管 IMAC 电脑在售价上比其他电脑高出数百美元，却依然大受消费者的青睐。在产品刚刚上市时，就出现了热销——在美国几乎每隔约 15s 就有一台 IMAC 被售出。一个优秀的产品设计方案使苹果电脑摆脱了困境，同时创造了又一个苹果神话。

对于企业而言，产品是生存发展的关键。同样，对于国家而言，工业设计也是国力的体现。世界上许多国家都将工业设计视为国家提高未来经济发展的途径之一。在欧洲，英国具有悠久的工业发展史，被其他国家视为培养设计师的摇篮。在公布新的国家未来发展计划中，首相布莱尔指出，将在今后逐渐把英国发展成为一个创造王国、设计王国。芬兰在2002年初发布了2002 ~ 2005年的工业设计技术计划，其目的是使工业设计成为其国际竞争力的重要组成部分。中国也在国家发展报告中提出要将中国由产品加工制造国向产品创造国的方向发展。

产品设计与我们每个人的生活也是息息相关。形形色色、种类繁多的产品设计，不仅提高了我们的工作效率，也使生活变得更加舒适、便捷。很难想象，在现今社会如果失去像计算机、手机、汽车等这些在我们生活中充当重要角色的产品，我们的生活会变成什么模样。可以说，产品设计改变了我们的生活。小到产品细节，大到生活环境，产品设计通过其有效手段，引导和改变着我们的生活方式。

产品设计在社会生活中的重要作用主要体现在三个方面。首先，产品设计是企业发展和市场需要的客观需求，这种需求也是产品设计的主要动力和源泉，是推动产品发展的动力；其次，产品设计为市场提供各种具有竞争力和高附加值的产品，它是产品开发中最重要的环节，对产品的最终价值起决定作用，因此它是确定产品最终价值的根本因素；最后，产品设计是一种通过将先进技术转化为可服务于人的产品并获取利润的方法。众所周知，将各种先进的技术成果转化为企业利润的主要途径是市场，而评价产品设计成功与否的重要标准也是市场。

1.4 国内外产品设计的现状及发展趋势

1.4.1 国内外产品设计的现状

工业设计是工业革命的产物，它诞生于工业革命的发源地——英国，而德国在20世纪20年代后来居上，使之得到了更大的发展。第一次和第二次世界大战期间，北欧的一些国家及意大利和美国等的工业设计都得到了长足的发展，并体现出了鲜明的地域特点。第二次世界大战后，工业设计在世界范围内兴起，对世界经济的发展和社会的进步做出了不可磨灭的贡献。

随着世界科学技术和经济文化的飞速发展，工业设计在世界范围内的理念也发生了深刻的变化，因此进入了一个崭新的发展时期。工业设计简洁化的趋势一直处于主导地位，但无论设计潮流如何变更，功能决定形式的基本设计准则都没有改变。如今，设计的手段、概念及设计方法等都有了新的突破，并日益呈现出多元化的发展趋势。随着经济的发展，产品的功能已不再是消费者决定购买产品的最主要因素，人们对产品外观造型的要求越来越高，因此，对产品外观进行概念设计，制作概念模型，逐渐成为国外工业设计领域不可缺少的设计手段。

我国的工业设计起步较晚，自主开发和创新能力很低，更难提及概念设计了。近20年来，我国工业设计有了很大进展。20世纪80年代初，一些大专院校开始设置工业设计专业，目前全国开设该专业的院校已达200多所；在沿海的一些大城市，一批年轻、专业的工业设计队伍正在逐渐形成，大量面向社会的工业设计公司和事务所不断涌现，形成了一股不可忽视的推动力量；一些国内知名大企业，如美的、海尔、联想等，也相继成立了自己的工业设计部门，有的甚至还对外开展业务。特别是加入

WTO以后，由于国际、国内市场竞争的需要，工业设计的重要性逐渐成为众多具有远见卓识的企业家的认识。但与其他发达国家相比，我国的工业设计仍处于发展的早期阶段，还存在资金投入不够、技术手段落后、人才匮乏、设计师整体素质不高和知识体系不够完善等诸多问题，有待工业设计师及相关科学工作者共同研究和提高。第一是要加强对工业设计师的培训学习，提高他们的综合素质，开创设计师自己的风格，更多的设计出具有自主知识产权的新产品；第二是要建立公众平台，让普通群众（消费者）参与工业设计的监督；第三是国家、地方政府和企业都要重视科技创新，鼓励原创设计，提倡科学的设计方法，尽快走出具有中国特色符合国情的工业设计之路。

1.4.2 国内外产品设计的发展趋势

纵观20世纪80年代至今的设计，先后出现过绿色设计、生态设计、循环设计和组合设计等思潮。这些思潮的核心思想其实都是以人为本。随着社会的发展，人性化的产品设计必将进入社会生活的每一个角落，从精神到物质的每一个层次。随着产品设计的不断发展和成熟，未来的设计不会再像传统的设计那样把设计的重点放在结实耐用等方面，不会继续满足于单纯地设计类似椅子、鼠标和键盘之类的物质产品，而是将重点从“物”转移到“人”的因素上，甚至会在满足人类需求的过程中发展为趋向服务于非物质社会的“新的设计”。这种“新的设计”，既有物质成分，又有非物质的成分。虽然是物质产品，其功能的层面也会有各异，大不相同，但是这些产品将会具有超越功能的品质。

真正意义上实现“以人为本”的产品设计。在未来的产品设计中，很多非物质的设计很有可能将会成为设计主题。非物质的设计并非没有物质产品，而是仍以物质产品为主要目标，为人们创造一种环境，一种以“以人为本”为内涵的设计环境。

产品设计也是建立在大规模的物质产品的基础之上的，仍然包含着各种物质环境因素，信息社会的产品设计所体现出的不同更多是由于高科技和数字化技术的渗透，需要采用更新的观念和手段从事设计，其设计工具也可能会变成非物质性的，如大部分的设计工作将由计算机来完成。不久的将来，按照全息性模型的设计也将会出现，设计将会发生不同于传统产品的巨大变革。未来的设计，“以人为本”的观念将会深入人心，渗透到人们生活的方方面面。设计也会直接影响未来人的生活方式和生活环境。当代人已经进入可持续发展的阶段，设计也应当是可持续发展中的一环。在未来设计的远景上，联合国倡导的三个基本概念“人权”、“可持续发展”和“人类的共同遗产”也会贯彻在以人为本的设计中。未来的产品设计，伴随着人性化理念的深入将会更加多样化、丰富化和深层次化，这不仅是设计的未来趋势，更是每一位后来人的责任。未来“以人为本”的产品设计必将为人们创造出艺术化的生活。

1.5 产品的定位

1.5.1 产品的概念

产品是社会发展的重要组成部分，也是社会进步的一种体现。人类在创造社会文明的同时也促进了产品设计的不断发展。产品设计的基础就是明确产品的内涵。从狭义上说，产品一般是指批量化生产的物品；从广义上说，产品则是用来满足人们各种不同形式需求的有形的或无形的途径，即产品不再仅仅是指能看得见摸得着的有形存在，也包括了各种无形存在。

有形产品是一种为消费者提供服务的直接载体，而无形产品则是通过人、社会活动和观念等其他载体来实现其价值。

产品不再仅仅是指产品的实体，它还包含了更多层次的意义。产品的实体即是一般产品，这是产品的基本形式，产品的核心利益必须依附于产品的实体才能得以实现。产品的核心利益就是向消费者提供的基本效用和基本利益。此外，消费者购买产品时会期望一系列属性和条件，这就是期望产品。而附加产品是指产品包含的附加服务和利益。产品还有一个层次是潜在产品，预示着该产品最终可能的所有增加和改变。以产品设计的专业角度来讲，产品的外延包括了日常生活、工业生产、教育、医疗、卫生、科技和交通建筑等。

1.5.2 产品的造型

产品造型设计是指现代设计中关注产品形态和人机界面设计，主要考虑人的审美、情感和体验方面的需求。造型结构是人们对产品关注点中最重要的一方面，设计的本质和特性就是要通过一定的造型得以明确化、具体化和实体化。产品的外观造型和内部结构应追求更适合人体结构的造型形式，产品的形态一定要符合使用者的心理和中国传统的审美情趣。

产品造型设计过程中，首先要明确产品造型设计的要求，也就是造型的结果，以及设计的操作方式和规则。由于这些产品造型的问题都不明确，而且很难通过规范得以解决，这就需要通过设计者的专业技术和专业手段找出症结之所在并进行解决。而产品造型设计的专业知识不同于产品可行性、艺术性等方面的知识，所以产品造型设计更加无法进行定性并且边界难以界定，这主要是因为产品造型设计所运用的原理综合了具象思维和抽象思维的特点和设计直觉。设计方法是设计者采用的一种通用手段，是完成设计问题求解的过程。它与设计者的逻辑思维密切相关。设计直觉则与具体的设计者和当时的设计情景有密切的关系，是一种动态的设计知识形式，表现为设计者在一种特殊的情况下，运用自身知识完成设计任务的过程。就产品造型设计而言，其设计方法、设计策略与设计者的形象思维和具体设计情境关系密切，也是知识表达的难点和重点之一。

设计价值包括艺术价值、使用价值、创新价值和功能价值。艺术价值是产品造型设计价值的根本，一切设计均围绕艺术价值展开。反映在产品上是一种产品外形特征的价值标准，它包括产品的形状、结构、色彩和风格等因素。使用价值指的是设计产品能够满足人的某种物质需要的属性，如设计的服装能御寒遮体，设计的建筑能遮挡风雨，设计的汽车能代步远行，设计的手机能通话传信等，是设计最基础的价值类型之一，表达了设计产品物质属性与人的“生理”需要的关系。创新是设计的灵魂，创新价值体现在产品外形、使用方式的创造性和独具一格等方面。功能价值是关于产品构造、组成、局限性和功能等方面的设计价值。功能价值与产品的很多方面都是辩证统一不可分割的，对于产品造型设计而言，艺术、情感和感受是其宗旨。在很多情况下，产品的功能很大程度上决定了产品的结构，进一步决定了产品的造型。

产品造型设计中不可或缺的一个方面是色彩设计。造型除了产品外观形体的设计和组合要符合艺术规律外，一个重要的因素就是外观色彩。色彩在造型艺术效果中，具有先声夺人的魅力。产品色彩的不同可以对人产生不同的心理和生理作用，并产生不同的效应。色彩可以通过对人感觉的冲击产生心理作用，可以在无意识中影响到人们的情绪、性情和行为。例如，红色使人兴奋和温暖，蓝色使人冷静和孤寂。通常，互为补色的两个色相由于包含全部可见光谱，可以在心理上赋予人们冷暖平衡。

产品造型的色彩对于发挥产品的功效也具有一定的作用。例如，有的涂料会对产品有保护作用，可以延长机器寿命，有时，宜人的色彩也可以使人爱护机器并提高工作效率。有的色彩本身就具有产品的功能，例如，军用机械的保护色具有掩蔽功能，医疗和食品的卫生用具颜色有清洁干净的功能，机械设备的标志色显示了其性质功能。

对产品造型进行色彩设计时，还应该注意产品的使用环境。通常情况下，寒冷条件下产品以暖色为宜，可以增加人们心理上的温暖感。炎热的工作环境下产品则适合用较冷且较明快的色调，以中和气氛，使使用者感到心情平静。此外，产品的颜色应该有利于使用者对工作状态的观察和对产品的辨认，增强使用时的清晰度，尤其在嘈杂的环境中更需要强调这些问题。在噪声高的环境中，人眼对暖色调的分辨能力下降，而对冷色尤其是绿色的分辨能力上升，这在设计中是必须要引起重视的。

1.5.3 产品的功能

产品创新的基础是功能创新。可以通过对用户需求的分析以及产品概念的定位，确定功能设定的大致方向。由于几乎所有的产品设计均来源于一些实际项目，所以在对具体功能设定时必须考虑以下三个客观因素：首先要考虑的是当前市场的实际技术水平是否能够满足功能的要求及对于常规的应用，必须有成熟的技术和设备支持；其次，要考虑用户的接受程度，对于一个新产品的应用，用户的态度通常决定了其在市场上的生命力；再次，还要考虑到产品使用环境方面的问题，因为产品不能只是作为一个“物”而存在，而应该是一个涉及使用者和使用环境的系统，只有这样才能将一个产品的优势发挥出来。

色彩在知觉的不同水平上都具有与之相对应的心理作用，如色彩的轻重、温度、距离等。色彩通过感官作用于人的心理，并且发挥作用。色彩运用得当会在人的心理上起到积极的作用，可以消减使用者在生理和心理疲劳，保持良好的状态，提高操作的安全性。利用色彩的这种作用可以强化环境的有利因素和弱化不利因素。

因此，色彩在产品设计的方方面面都有着重要作用。安全色是传递安全信息含义的颜色。国际标准化组织制定的安全信息标准中，“国际安全色”主要选用红、黄、蓝、绿四种颜色，并且每一种颜色都被赋予了特殊的含义。一般来说，红色十分醒目，常用来表示禁止、不被允许，有时也会用于电源、开关等关键按钮上，具有警示作用；黄色一般作为一种提示人们危险的信号出现，具有预防作用；绿色通常是安全的代名词，可以带给人安定的感觉；而蓝色则多用于具有一定强制性的图形知识类标志中。安全色作为安全设计的一种补充，虽然并不能完全保障人的安全，但是对人们也起到了一定的警醒作用从而在一定程度上可以减少各种意外的发生。

为了完善产品的各种功能，在设计过程中应该注意：将需要引起使用者警惕的主要部件使用安全色，如操作或控制的中心开关和制动等装置，产品危险部位或可能发生危险的区域、禁止操作或提醒注意的操作部位等，这样可以与其他部位相区别，以便于引起使用者的注意。通过色彩的警告可以提醒人们注意危险源的存在和一些操作中需要注意的问题，以达到对使用者的警示目的。其中应用最多的是视觉警告，通过颜色的亮度和色相的变化，采用信号灯、标示、标志和书面警告等方式使得人产生直观的视觉感受，以便对安全标志进行有效识别从而防止误操作。另外，产品设计中还会经常使用到对比色和调和色，其中对比色可以使另一种颜色更加清晰醒目，由此也可以一定程度上达到突出安全功能的目的。调和色一般都是一些视觉上比较柔和的颜色，纯度和亮度都不算高，这样的颜色可以减少对使用者的刺激，常用于单一纯色之间的过渡，以便有效地避免色彩单一而引起的视觉疲劳。产品设计中不仅要顺应使用者的心理需求，避免大面积使用容易引起视觉疲劳的色彩，还要使产品的大体色彩与其使用环境的色彩形成对比以便区分，否则很容易在使用过程中引起人的视觉混淆。

1.5.4 产品的情感

产品设计的出发点和归宿，是以促进人的全面发展为导向，不断满足人们日益增长的物质精神的需要，这也正是社会主义生产的根本目的。

人的需求反映了人的本性。各种活动都是由需求而产生，并由需求而推动。需求成为推动人们活动的终极原因。当一种需求得到满足后，已经得到满足的需求和这种满足又会引起新的需求。人的需求随着社会物质生活和精神生活的提高而向前发展。人的需求不断丰富，正是人的本质日益充实，所以人的需求是人的内在的、本质的规定，是人的全部生命活动的动力和根源。

产品设计关注的是，产品对人的作用方式以及产品对人的精神功能的发挥。物质消费过程中也有精神需求，这便是对产品的认知的和审美的需求。感觉和认知是人的需求和欲望得以满足的精神前提。认知是人的活动的心理定向。以便确认自身的境况并据此调节与环境之间的关系。从本能的欲望到产生审美需求，既是一个社会性的历史过程，也是个体性的情感过程。产生审美需求，是随着人类文化的发展而形成的，它反映了人与世界和谐关系的丰富性；审美也是人的自我意识的情感化，它把世界当做自己的作品来欣赏。人的审美需求是在摆脱了直接的生存困扰的前提下形成的，它的对象具有感性和直接性的特点。在审美需求中，也包含不同层次的内容，从形式感受获得的感官愉悦，到意蕴的领悟和价值的体验，最终达到精神境界的升华。人的审美需求融合和渗透于人的日常生活之中，由此也使人使用的物品和生活环境成为表现人的价值和意义的一种特征。

人的消费行为将愈来愈多的受到情感因素的影响，具有浓厚的审美色彩。消费者的情绪、兴趣和情感，对于其消费需求具有一种放大和强化的作用，形成消费行为的内驱力。因此，消费兴趣成为促销活动的关键因素，它加强了消费行为的自主性和随机性。在产品物质功能普遍得到保证的前提下，人们对产品的选择，更多的集中于满足情感需求和审美需求的方面。因此，产品设计对于提高产品的市场竞争力具有重大作用。

第2章
Chapter2
创新产品设计

2.1 创新的本质

2.1.1 创新是企业的灵魂

全球经济一体化，市场竞争激烈，伴随着中国加入世贸组织 WTO，中国企业面临的改革创新压力与日俱增。企业赖以生存的基础是产品，企业所追寻的各种目标都依赖于产品。

企业若拥有受市场欢迎的产品，企业就能进入良性循环不断发展壮大。任何一个企业的产品在激烈的市场竞争中所占优势都是相对的和暂时的，市场竞争缩短了产品的生命周期。企业只有源源不断地开发新产品，才能在国内外市场中立于不败之地。

Creative 是一家创新科技有限公司，全球总部设在新加坡，位于亚太地区的中心位置。其总部大厦 Creative Resource 位于新加坡久负盛名的国际高科技企业园区，这座现代化设施的大厦包括 8 层的办公楼、6 层的中心裙楼、装备齐全的多功能厅、一座会堂和一个可容纳 2000 名观众的户外圆形剧场。楼内还包括 Creative 的一站式零售商店：The CREATIVE Store，店内陈列有种类繁多的音频及数码娱乐产品，顾客可以在多个体验台上亲自试用玩赏。

Creative 是生产用于个人电脑和网络方面的数字娱乐产品的全球领导厂商。1981 年，Creative 的创始人敏锐地发现，多媒体将为人们与 PC 的交互带来革命性的变化，于是，Creative 在新加坡问世了。

Creative 的 Sound Blaster 声卡享誉全球，引导了多媒体音频的革命，现在 Creative 又推出其备受赞誉的 ZEN 和 MuVo 系列数字音乐播放机，以电脑为平台，进军数字娱乐行业。公司开发出具有革命意义的硬件、专利技术、应用软件，并开展各项优质服务，充分发挥 Intenet 的优势，让用户随时随体验高品质的数字娱乐。

多年来，Creative 在产品上的不断创新，为其赢得了多项国际奖项和广泛的赞誉。近年来广受关注的奖项包括连续四年获得“Best of CES 大奖”，获奖产品分别为 2003 年的“Prodikeys”、2004 年的“ZEN Portable Media Centre”、2005 年的“ZEN MicroPhoto MP3 播放机”和 2006 年的“ZEN Vision:M MP3 播放机”。Creative ZEN Micro 同时获得 Ziff Davis Media 的“Best of Digital Life 2004”大奖。

创新对于一个企业来说具有非同寻常的意义，它是企业的灵魂，是企业生存和发展的关键，是企业永葆青春活力、永不枯竭的动力所在。没有创新，企业就会走下坡路，甚至会被淘汰。

2.1.2 何谓创新

美国国家科学基金会（National Science Foundation of U.S.A.）从20世纪60年代开始兴起并组织对技术的变革和技术创新的研究，迈尔斯（S. Myers）和马奎斯（D. G. Marquis）作为主要的倡议者和参与者，他们认为技术创新是一个复杂的活动过程，从新思想和新概念开始，通过不断地解决各种问题，最终使一个有经济价值和社会价值的新项目得到实际的成功应用。

我国20世纪80年代以来开展了技术创新方面的研究，傅家骥先生对技术创新的定义是：企业家抓住市场的潜在盈利机会，以获取商业利益为目标，重新组织生产条件和要素，建立起效能更强、效率更高和费用更低的生产经营方法，从而推出新的产品、新的生产（工艺）方法和开辟新的市场，获得新的原材料或半成品供给来源或建立企业新的组织，它包括科技、组织、商业和金融等一系列活动的综合过程。

创新的本质，即成功的创新，一定是与开放后的“流出”有关系的，也就是说，必须造成信息的流出。

例如，美国的麦当劳，它既是一个快餐店，也包含了一种文化，它竟然能够在全球许多地方开分店。在麦当劳吃的是什么餐呢？是正宗的西餐吗？肯定不是，那会让西方正宗的西餐大师脸红的。因此只能够称它为麦当劳餐了。国内现在也有快餐店模仿麦当劳，有的甚至在国内也相当成功，国内也很多地方都有，但这仍然属于“复制”。将来国内是否能有一种更新的饭店，里面卖的东西，既说不上它是中餐还是西餐，也不强调什么正宗不正宗，但能够到世界各地去开分店，也让世界各地都能够见得到？只有那样才算是真的创新，才是创新成功了。

这里讲的是一个道理，就是成功的创新的标志，应当是成功地“流出”。

2.1.3 如何创新

1. 好奇——创新意识的萌芽

黑格尔说过：“要是没有热情，世界上任何伟大事业都不会成功。”所有个人行为的动力，都要通过他的头脑，转变为他的愿望，才能使之付诸行动。如果一个学生仅仅记住了数学的各种定理与公式，而不能把学到的知识用于发现新问题和解决实际问题，只学习老师讲的知识和记忆书本上的知识，是远远不够的，应在课堂上学到的知识的基础上，勇于探索，善于创新。这需要教师在教学中引导和培养学生的好奇心理，这是唤起创新意识的起点和基础。

2. 兴趣——创新思维的营养

我国伟大的教育家孔子说：“知之者不如好之者，好之者不如乐之者。”可见，他特别强调兴趣的重要作用。兴趣是最好的老师，是感情的体现，是学生学习的内在因素。事实上，只有感兴趣才能自觉地、主动地和竭尽全力地去观察、思考和探究，才能最大限度地发挥学生的主观能动性，才会在学习中产生新的联想，或进行知识的移植，作出新的比较，综合出新的成果。也就是说强烈的兴趣是敢于冒险、敢于闯天下、敢于参与竞争的支撑，是创新思维的营养。

3. 质疑——创新行为的举措

我国古代教育家曾提出了“前辈谓学贵为疑，小疑则小进，大疑则大进”、“学从疑生，疑解则学成”。20世纪中期布鲁纳认为，发现教学有利于激活学生的智慧潜能，有利用培养他们学习的内在动机和知识兴趣。

4. 探索——创新学习的方法

创新性学习方法——探索学习包括以下几个方面。

（1）直接式学习法。根据创新的需要而选修知识，不搞烦琐的知识准备，与创新有关的就学，无关的不学，直接进入创新之门。

（2）模仿学习法。学生按照别人提供的模式样板进行模仿性学习，从而形成一定的品质、技能和行为习惯。换句话说就是从“学会”到“会学”。

（3）探源索隐学习法。学生为了积极地掌握知识采用创新性的思维方式，对所接受的某项知识出处或源泉进行认真的探索和追溯，并经过分析、比较和求证，从而掌握知识的整个体系。探源索隐学习法对于激发提出问题大有益处。

（4）创新性阅读法。发现新问题，提出新见解，从而能超越作者和读物，产生出创新思考获取新答案。

（5）创新性课堂学习法。通过老师的传授和指导，让学生获得系统的知识和形成一定的能力。

2.2 创意开发原理

2.2.1 创意的内涵及意义

创意是指人们行为中产生的思想、观念、立意、想象等新的思维成果。

从广义说，包括产生新思想、新事物的能力（如新设计、新工艺、新理论、新方法和新发明创造等能力），创造新事物、解决新问题的过程；从狭义说，指思想、观念、立意和想象等新的思维成果。

创意既是一种新的思维成果，又是一种产生新的思维成果的能力；既是创造性解决问题的方案，又是创造性解决问题的能力。

创意是产品后续开发的基础，每一件产品的构思和设计，每一个观点的提出，第一步都是需要先有一个创意。

创意开发是推动人类历史发展的巨大动力之一。

2.2.2 创意开发的基本思想

1. 创意开发的原理

（1）择优原理。 创意开发的实质是问题的创造性解决和实现。在创意开发过程中，要首先提出待解决问题和定义问题，然后围绕这一问题进行创意构思，提出多种解决方案。例如，爱迪生发明电灯泡。

（2）综合原理。创意开发过程中要把研究对象各个层次的种种因素按照其内部联系进行组织结合。首先要把研究的相关问题分解为各个层次和各种因素，并分别加以研究，分析其本质、特性、优势以及劣势，然后将这些要素按其内在联系合理地组织起来，形成新的解决方案。例如，蓄电池的发明。

（3）关联原理。客观世界的各种事物彼此相互联系和相互制约。事务本身的关联性是导致激励创造时联想发挥的重要因素。人们通常可以因为对其中的一个创意的构思而引发和其相似内涵的许多构思的联想。在创意开发过程中，有些关系是直接的，有些则是间接的，有些内容易发现，有些则不易发现，需要认真分析和研究。例如，蓄电熨斗的发明。

（4）组合原理。客观事物的组合现象普遍存在，将多种创意和概念进行适当的组合就会激励出新的创意。在创意开发过程中，将两种或两种以上的技术思想或物质产品的整体或部分进行适当组合，就可以形成新的产品概念，不同的组合可以得到不同的结果。例如，豪斯菲尔德 CT 计算机的发明。

（5）对应原理。虽然客观事物错综复杂，千差万别，但是每件事物都有其对立面。从现有的创意和概念的相反方面出发去构造新的概念的规律，就是创意开发的对应原理。在创意开发过程中，采用对应原理的目的是为了突破人们固有的思维方式，以此来开发出更多的创意。

（6）逆向原理。所谓逆向是相对于思维的正向而言。在创意开发过程中，要以现有的物质产品和信息等为对象，进行全面、系统和深入的分析，反向研究它的性能、结构、原材料、配方、设计、使用效率、使用条件和其他一些与之相关的重要因素，进而进行思维的联想发挥和移植改良，最终获得所需的新创意。

2. 产品创新

（1）产品创新的概念。新产品在经济领域中的成功运用。包括对现有生产要素进行重新组合而形成新产品的活动。全面地讲，产品创新是一个全过程的概念，既包括新产品的研发过程，也包括新产品的商业化扩散过程。

（2）产品创新的特征。一般而言，产品创新具有收入的非独占性、不确定性、市场性和系统性等特征。例如，集雨器的设计（见图 2–1）。雨水充沛的地区可不能暴殄天物呢！这是一款未来风格的雨水收集净化器，它的环形顶部能够收纳雨水。通过内部净化，可以直接从净化器的垂直长管尾部接出饮用水，十分方便，还能节约能源。

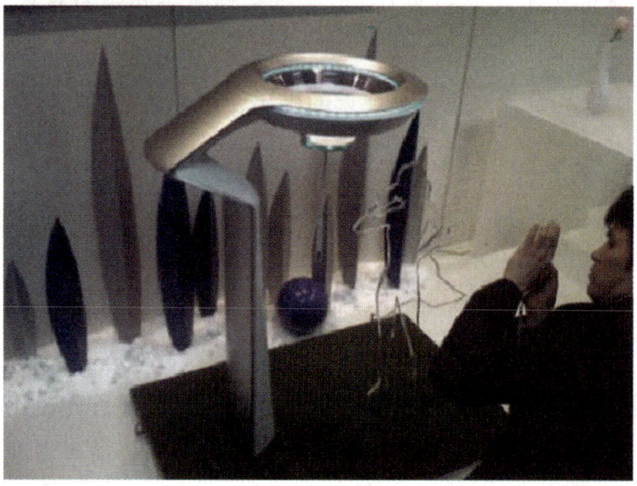

图 2–1　集雨器设计

1）创新收入的非独占性。所谓非独占性是指创新者很难获取创新活动中所产生的全部收入。当一个新产品的技术、配方和外观等不足以抵挡竞争对手的模仿时，创新所带来的竞争优势就是暂时的，市场份额就有可能被竞争对手瓜分，这就造成了产品收入的非独占性。

2）产品创新的不确定性。产品开发有着许多不确定性。创新是一种失败率高和成功率低的游戏，一个新产品的开发要经过成百上千次的实验、探索才能成功。一个新产品从立项到最终研制成功往往需要经历很多年，在这样一段时期里市场随时会发生很大变化，例如，竞争对手有可能先于自己将新产品投向市场，或者人们的消费观念已发生变化，这可能导致新产品未开发成功就被市场淘汰，当然，也可能会取得意想不到的市场成功。

3）产品创新的市场性。产品创新活动与科学技术的根本区别就是强调市场。产品创新活动始终是围绕着市场目标进行的，强调的是市场价值；而纯粹的技术突破不属于产品创新。像美国航天飞机至今仍属于科学技术范畴，而不是产品创新。

4）产品创新的系统性。产品创新的系统性包含两方面含义：一方面是产品创新要求企业内部各个部门的密切配合，如研究开发部与生产和销售部门的配合；另一方面是指产品创新的实现依赖企业外部环境的密切配合，包括经济和政治以及与创新相关的其他产业的技术等。

3. 产品创新的类型

（1）构造式创新。构造式创新是由技术突破所导致的，是技术与市场巧妙结合的产物，是产品、市场和用户之间形成新的连接方式。

构造式创新为创新者建立了显赫的市场地位，它的突破特征是新产业的创造以及老产业的重塑。

（2）空缺式创新。空缺式创新是使用现有技术打开新市场的机会。如索尼公司的随身听就是空缺式创新的例子。在某种情况下空缺式创新只涉及较小的技术变化，因此对生产系统和技术知识的影响是渐进的。但这类产品创新也常常能导致生产出重大的新产品。值得注意的是技术上的变化可以引起市场的巨变，但是这种技术有时又不足以抵挡竞争对手的模仿，那么从这种空缺式创新中得到的优势只能是暂时的，因此掌握创新时机和快速反应才能确保企业的竞争地位。

（3）改进式创新。改进式创新是建立在现有技术、生产能力、现有的市场和顾客的变化之上的，这些变化的效果加强了现有技能和资源，与其他类型的创新相比，改进式创新更多的是受到经济因素驱动。

虽然某个特定的改进式创新所产生的进步微不足道，但持续进行这类产品的创新也能开创出一番事业，因此它是实质性地改变企业并获取竞争优势的方式。

（4）根本式创新。根本式创新是指企业首次向市场导入的，能对经济产生重大影响的创新产品或新技术。根本式创新包括全新的产品或采用与原产品技术完全不同技术的产品。

2.3 创新设计方法

2.3.1 创造性思维理论

1. 沃拉斯“四阶段模型”

沃拉斯提出创造性思维的四阶段论：准备期——酝酿期——顿悟期——验证期。

（1）准备期。包括掌握问题、搜集资料，它是外界信息的输入环节。创意开发之前，需要对前人在该问题上解决的程度有所了解，使自己站在新的起点上从事创造性地劳动，避免重复劳动。

准备期包括三方面：一是知识和经验的积累及整理；二是搜集必要的事实和资料；三是了解提出问题的社会价值。通过这三方面的工作，可力求使问题概念化、形象化和具有可行性。

（2）酝酿期。又称为“孵化期”，这在本质上是一个深入理解、细致分析和对准备期搜集资料的“消化”时期。这个时期过程可能很短暂，也可能很漫长。这一时期，需要从各个方面，如纵横、正反等方向进行发散性思维，让各种设想在头脑中反复组合、交叉、撞击和渗透，按照新的方式进行加工。酝酿期，漫长艰巨，虽然有可能失败，但只要坚持下去，仍然充满希望。

（3）顿悟期。由于创意开发者对问题经过周密的甚至长时间的思考，创造性地新想法和新概念可能会突然出现，思考者大有豁然开朗的感觉。也有学者称之为灵感。

阿基米德曾因在入浴时获得灵感而裸身狂奔，欣喜呼喊：“我发现了！我发现了！”

（4）验证期。思考豁然开朗之后，创意开发者还要对形成的新观念加以验证，这是对整个创造过程的反思，是检验解决方法是否正确的“验收期”，是对创造成果的总结，并在此基础上形成更科学、合理的创造途径。

沃拉斯“四阶段模型”最大特点是显意识思维（准备和验证阶段）和潜意识思维（酝酿和顿悟阶段）的综合运用，而不是片面强调某一种思维。

2. 沃特海梅的“结构说”

创造过程是从一种结构上的不完整或不令人满意的情景 S1，走向一种提供了解决的情景 S2。从 S1—S2 的过程中，缺陷被填补了，一种更完整的思维也就形成了。

3. 吉尔福特的“发散性思维”

人类智力应由内容、操作和产物 3 个维度组成。

（1）智力的内容：包括图形、符号、语义和行为 4 项。

（2）智力的操作：包括认知、记忆、发散思维、集中思维和评价等 5 种。

（3）智力的产物：包括单元、类别、关系、系统、转化和蕴涵等 6 类。

这 4 项内容、5 种操作和 6 类产物可组合出 4×5×6=120 种智力因素。

吉尔福特的创造过程模式可以表示为：集中思维——发散思维——集中思维。

在思维过程中，发散的越多，得到有价值的答案几率越大。

图 2-2　发光枕设计

4. 精神分析学派的分析

弗洛伊德将传统心理学一向忽视的无意识作为主要研究领域，创立了与深层心理学相联系的精神分析学，把心理学的研究引入到深层精神世界。

精神分析学派认为：人的意识仅仅是人的整体精神中位于表层的一个很小的部分，无意识（潜意识）才是人的精神主体，处于心理深层。无意识包括各种各样的先天的本能和那些从意识中被压抑到无意识中的心理活动。无意识对人的精神和行为具有重大作用，对创造过程也具有重大作用。

创造性的新意识必须有准备期和酝酿期，在此期间大量的信息注入到意识形成观念。

这是一款发光枕设计（见图 2-2）。这款光枕的棉质表面可以拆下来清洗。可以把它放在床上，扔在地板上，挂在墙上，还可以吊在房间中央。无论如何摆放，你都将拥有一款柔软、别致的灯饰。

2.3.2 创意开发过程与障碍

1. 问题过程模式

创意开发过程常常以问题为起点。

（1）问题解决的一般模式。德国心理学家邓克尔提出了一种模式，认为创造性解决问题的过程是由一系列的心理组织所构成的，每一种心理组织都把问题汇总成更细致更明朗的陈述。它可归纳为三个主要水平：

一般范围，它把原来的问题作一般的重述并指出可能解决的方向。

功能解决，它缩小一般范围。

特殊解决，它是功能解决的更进一步特殊化，从而最终解决了问题。

（2）现代认知派的问题解决过程模式。奥苏贝尔和鲁滨逊以几何问题的解决为原型，于 1969 年提出了一个解决问题的模式。这个模式表明，解决问题一般要经历如图 2–3 所示的四个阶段。

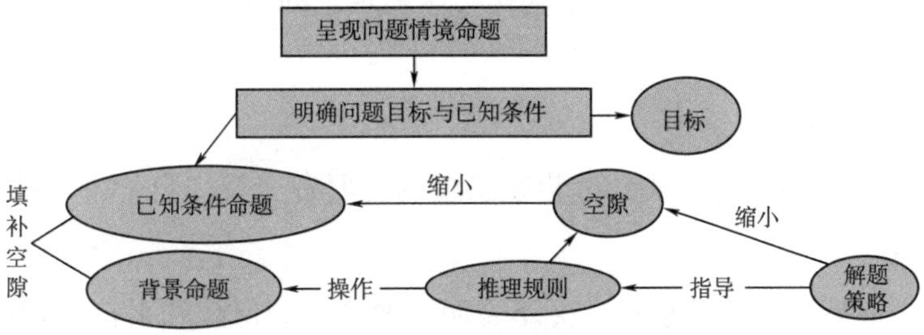

图 2–3 解决问题模式

“呈现问题情境命题”，这是问题解决的外部条件。

“明确问题目标与已知条件”。问题解决者利用有关的知识背景使问题情境命题与他的认知结构联系起来，从而理解所面临问题的性质与条件。这样一方面规定解题过程的目标或终点，另一方面明了问题的最初状况，提供进行推理的基础。

“填补空隙”。问题解决者看清了“已知条件命题”与目标之间的空隙和差距之后，便利用有关“背景命题”，根据一定的“推理规则”和“解题策略”来填补问题的固有“空隙”，这是问题解决的关键过程。这里所讲的空隙是指在已知条件和要达到的目标之间存在的一个认知空隙，有待问题解决者进行填补，一旦这个空隙被问题解决者填补，问题也就解决了。这个“填补空隙”的过程就是一种实质性的发现学习的过程。

2. 创意开发过程中的思维障碍

创意开发阻力可能由以下原因引起。

（1）对人物环境的错误感知，这将导致思维定式（mindset）。

（2）问题空间不正确。

（3）记忆信息不足，或缺少问题的连带信息。

思维定式具有双面性，其中，个体对可资利用的信息的某一部分过于敏感，而对其余部分则显得比较迟钝。也就是说，对一部分信息的敏感是以对另一部分信息的迟钝为代价的。

思维定式常常表现为三种特征：其一，“只有一个正确答案”式的思维方式；其二，消极性的，或“是的，但是”式的思维方式；其三，过分注重逻辑思维。

个人障碍：可以分为生理上和心理上的。个人的感觉限度或大脑处理信息的能力属于生理性的，而与个人的行为或态度有关的因素则是心理性的。

阿诺德认为个体障碍包括以下几种。

- 感觉障碍：这使个体不能够形成对外部世界的真实而准确地形象。
- 文化障碍：它产生于社会影响。
- 情感障碍：如害怕、焦虑和嫉妒。

亚当于1974年增加了第四项：智力的和表达的障碍。后来也有学者将其分为策略障碍、价值障碍、感觉障碍和自我形象障碍。

- 策略障碍：只按某些方式思考问题，但却不能考虑到各种可能的解决方案。(思维定式)。
- 价值障碍：价值障碍反映了一个人的信念。固守的信念使个人不可能去考虑某些解决问题的办法。
- 感觉障碍：反映了执行人员也许会忽略某些机遇或对可能出现的威胁不能尽早的预料。
- 自我形象障碍：自我形象障碍指当社会起初排斥新观念的时候，个体不能够意志坚定的抵制来自社会的压力。

3. 创意开发中的组织障碍

(1) 资源短缺与缺少管理支持。缺少试验新思想的必要资金及来自管理上的支持，反映出组织内部缺乏创新的宽松环境。

许多在创意开发方面表现良好的公司，无不说明必要的资源保障和来自各管理层持续不断的支持，这是创意开发成功的必要条件。

(2) 官僚主义。官僚主义是创造力的大敌，他会严重削弱公司的创新能力。

创意开发活动需要一个能对变化的环境迅速做出反应的组织机构。严格的企业制度和形式主义，在加强对日常事务管理的同时，可能也丧失了许多重要的创新机会。

在创意开发方面取得满意成果的公司，大都是对创意开发工作实行例外管理，赋予创意开发人员必要的权利，使他们能够摆脱不必要的制度束缚，集中精力研究与开发工作。

(3) 职能性短视思维。只从某一方面出发来考虑问题的思维倾向。

许多企业是按照职能组织起来的。一般来说，职能分工会提高组织的工作效率。但是不幸的是，这种组织结构的另一方面效应，则是职能单位的本位主义化。

(4) 害怕批评。害怕自己的行为受到批评，观点受到嘲笑，这是人类的通病。人们之所以不愿意发表自己的看法，多半是因为害怕受到嘲笑。

(5) 害怕冒险与失败。新产品和新项目开发具有一定的风险，当引进一件比较不为人知的产品或服务时，相关的风险可能来自各个方面。只要在某一环节有一点差错，高风险的项目就可能会带来灾难性后果。

当人们深陷一个失败的项目而难以自拔时，就会处于这种困境之中。

(6) 抵制变化。创造和创新与变化相关。这里说的变化可能会意味着工作习惯的改变或组织变化，工作或责任的重新分配，工作方法的变化，全新产品的引进或制造与营销的新工艺和新流程的引进。

（7）趋同倾向。创意开发活动的成功，需要参与其中的个体对自己的想法畅所欲言，进行充分的沟通。但在实践过程中，往往因为组织中个体过分看重自身在某些方面的权威性，拒绝对新的建议和看法做出反映。在这里，个体往往由于众人的压力而不得不屈从。长此以往，在群体内就逐渐形成了一种趋同倾向。

图 2–4　碎纸机设计

这是一款碎纸机设计（见图 2–4）。公司里的必备产品之一就是碎纸机，如此才能在一定程度上保证公司机密的安全。这款概念环保循环利用碎纸机，可以将文件纸在内部消化，让它们变身卫生用纸，节约了回收利用纸张和人工，提高了循环使用效率。

第3章

Chapter3

产品设计与人机工程学

3.1 概述

人造工具，无论原始的石器还是今天的电子产品，人们制造它们并不断改进它们，都出于一个共同的观念与目标——就是为了让人们更好、更方便和更安全地使用工具并从事各种活动与工作。翻开人类工具的发展史我们可以看到，人类工具的发展史就是不断实现以方便使用为目标的历史。

尽管人机工程学直到20世纪20年代才出现，有证据表明人机工程学原理实际上在25世纪前就已经为人所知并加以利用。例如从古代陶瓷器具设计上我们就可以看到，古人基本上是以人的因素为出发点而设计的。作为每天使用的工具，壶（见图3-1）显示出特别的对人机工程的关注。巧妙的设计，让壶使用更方便，让作业更适宜，让使用者工作量最小化。除此之外，多种多样的不同形状和尺寸被很好地适用于不同用途的瓶子，也适用于不同用户的人体尺寸。瓶子的尺寸，形状是基本与古人的生理条件相适应的。

图3-1 壶

虽然早期并没有人机工程学这个具体的名称，但是在各种工作场所，工具的设计都体现出了一定的对人机工程学的考虑，如形状、尺寸、重量及结构，以及使用者更方便等都是围绕着更好的使用出发的。人机工程学在20世纪50年代逐步跨越不同学科和领域，应用多种学科的原理、方法和数据发展成一门边缘科学。由于它的学科的综合性、涉及范围的广泛性以及学科的侧重点不同，学科的命名和定义都具有多样化的特点，反映出了不同的侧重点。但基本上都是定义为研究人、机械及其工作环境之间相互作用的学科。

国际人机工程学会（International Ergonomics Association，IEA）对人机工程学的定义为：研究人在某种工作环境中的解剖学、生理学和心理学等方面的各种因素；研究人和机器及环境的相互作用；研究在工作中、家庭生活中和休假时怎样统一考虑人的健康、安全、舒适和工作效率的学科。

这个定义的三句话，分别阐述了人机工程学的研究内容、研究对象和研究目的。其中研究如何使人和机器具有最佳地（健康、安全、舒适和效率）结合状态就是产品设计要研究的重点。设计是一项复杂的工作，涉及很多学科，美感、创意和成本等各种要素都很重要，而如何以人为本和方便使用的设计就是人机工程学应该尽量考虑的内容。

人机工程学为工业设计提供人体尺度参数，为功能合理性提供科学依据，给环境因素提供了设计准则，为人—机—环境系统设计提供理论依据。人机工程学只是产品设计中的一个环节，并不能解决设计中的所有问题。例如在工业生产中，人机工程首先应用于产品设计，如汽车的视野设计、仪器的表盘设计以及对操作性能、座椅舒适性和各种家用电器的使用性能的分析研究。而产品设计不仅要考虑到人机工程学的内容，还要考虑到产品对人的各个方面需求的满足，如艺术美、可靠性、安全性、易用性、成本和功能等之间的平衡及和谐。人机工程学的尺度只是作为产品设计的基本依据，产品设计师需要将各种因素融为一体综合考虑。

3.2 人机工程学的尺度空间

3.2.1 人体测量的尺度

进行产品设计时，为使人与产品相互协调，必须对产品与人相关的各种装置作适合于人体形态、生理以及心理特点的设计，让人在使用过程中，处于舒适的状态以及方便地使用产品。因此，设计师应了解人体测量学和生物力学方面的基本知识，并熟悉有关设计所必需的人体测量基本数据的性质、应用方法和使用条件。

人体测量学是人机工程学的重要组成部分，是通过测量人体各部位尺寸来确定个体之间和群体之间在人体尺寸上的差异，用以研究人的形态特征，使设计更适于人的科学。

人类对自身人体尺寸的研究的历史很长，在我国2000多年前的《内经—灵枢》之《骨度篇》中，对人体测量就有了较详细而科学的阐述。古埃及在公元前3500～前2200年之间，也有类似人体测量的方法，并提出人体可分为19个部位。直至发展到今天已经形成了一个很完善的体系，现在世界许多国家都有本国的人体尺寸国家标准（或数据资料）。我国也于1988年发布了相应的国家标准《中国成年人人体尺寸》（GB 10000—88）。

人体测量一般来说有3方面的内容：①形态测量——以检查人体形态的方式进行测量，主要内容有人体长度、人体体型、人体体积、重量和人体表面积。②生理测量——测量人体的主要生理指标，主要内容有人体出力范围、人体感觉反应和人体疲劳。③运动测量——在对人体静态形态测量的基础上，测量人体的活动过程和活动范围的大小，主要内容有动作范围、动作过程、形体变化和皮肤变化。

人体测量虽然是人机工程学的一个重要组成部分，但大规模的人体测量属于人机学专业工作者的工作内容，而对于从事产品设计的人员，一般是应用人体尺寸的数据资料。

《中国成年人人体尺寸》适用于工业产品、建筑设计、军事工业、工业的技术改造设备更新和劳动安全保护。标准中所列数值，代表从事工业生产的法定中国成年人（男18～60岁，女18～55岁）。为了方便使用，各类数据表中的各项人体尺寸数值均列出其相应的百分位数。在实际设计时，可查阅国标。

3.2.2 人体测量的基本知识

（1）静态人体尺寸测量。静态人体尺寸测量是指被测者静止地站着或坐着所进行的一种测量方式。静态测量的人体尺寸用作为设计工作空间的大小、家具、产品界面元件以及一些工作设施等的设计依据。目前我国成年人静态测量项目，国家标准正文中规定立姿有 40 项，坐姿有 22 项。详见 GB 3975—83《人体测量术语》和 GB 5703—85《人体测量方法》(见图 3–2)。

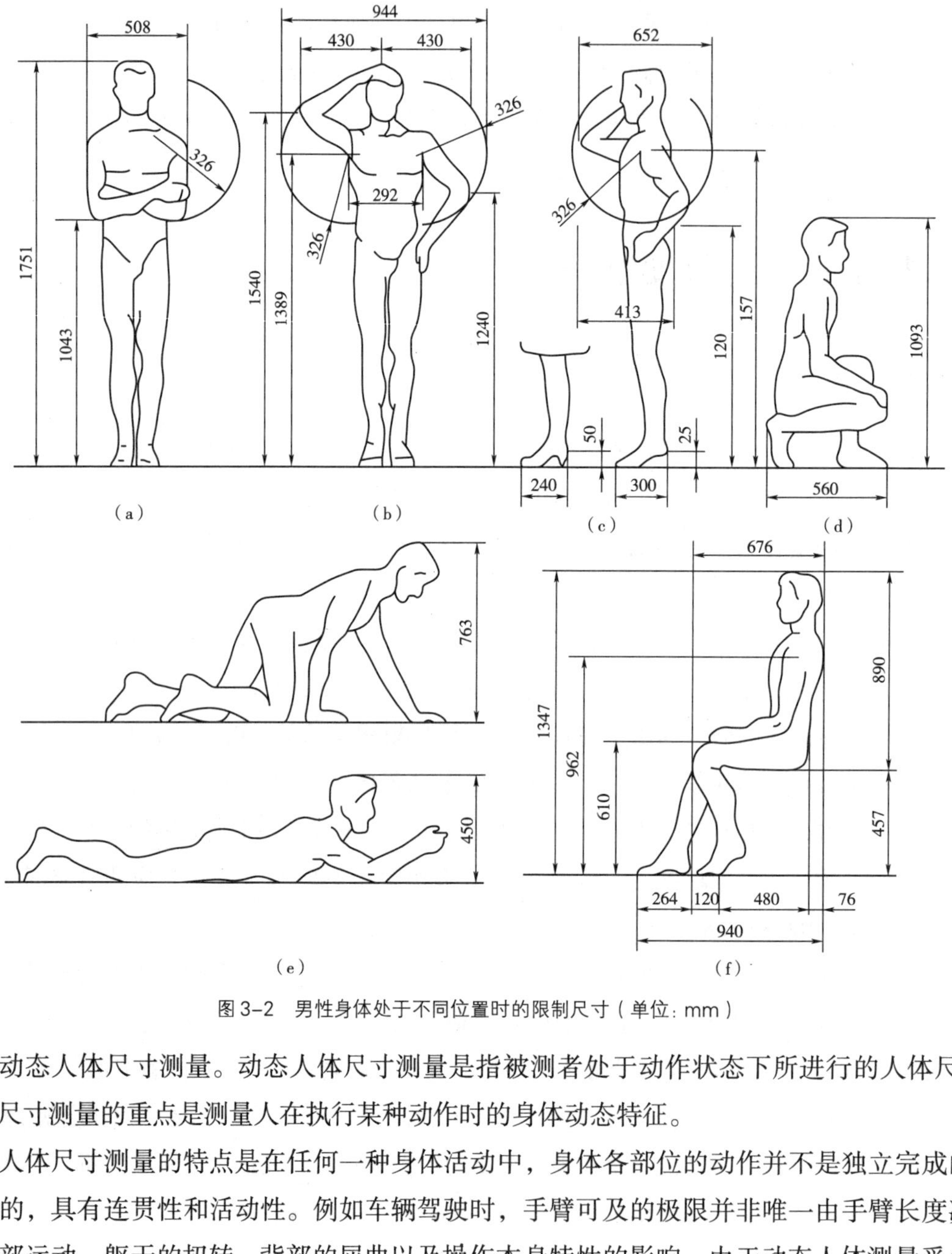

图 3–2　男性身体处于不同位置时的限制尺寸 (单位：mm)

（2）动态人体尺寸测量。动态人体尺寸测量是指被测者处于动作状态下所进行的人体尺寸测量。动态人体尺寸测量的重点是测量人在执行某种动作时的身体动态特征。

动态人体尺寸测量的特点是在任何一种身体活动中，身体各部位的动作并不是独立完成的，而是协调一致的，具有连贯性和活动性。例如车辆驾驶时，手臂可及的极限并非唯一由手臂长度决定，它还受到肩部运动、躯干的扭转、背部的屈曲以及操作本身特性的影响。由于动态人体测量受多种因素的影响，故难以用静态人体测量资料来解决设计中的有关问题。动态人体测量通常是对手、上肢、下肢、脚所及的范围以及各关节能达到的距离和可能转动的角度进行测量（见图 3–3）。

（3）人体数据的运用原则。选择正确的人体尺寸数据是设计的一个基本的步骤。尺寸修正量和人体尺寸百分位数的选择，是产品尺寸设计中应用人体尺寸的两个基本要素。把握好这两个要素，就能合理设定产品的功能尺寸。在产品设计中正确使用人体测量数据应遵循以下 5 个基本步骤。

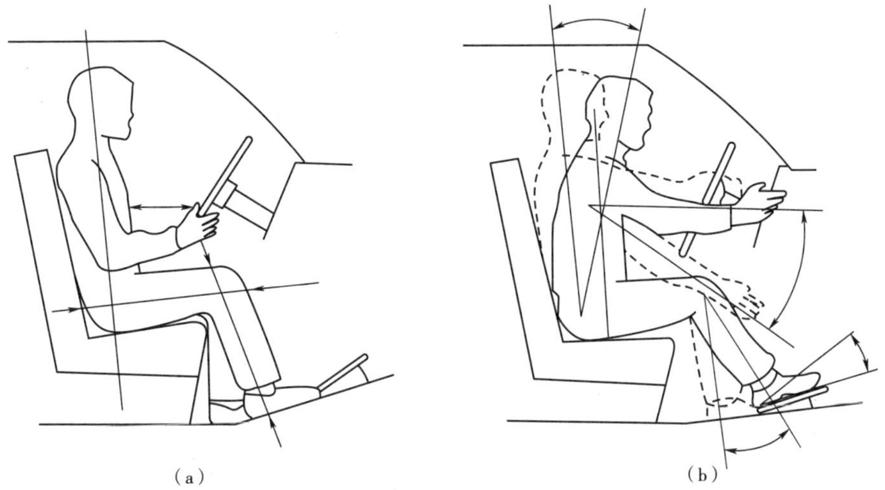

图 3-3　车辆驾驶的静态图与动态图
（a）静态图；（b）动态图

1）识别所有与产品设计相关的人体尺寸。通常如果设计师明确产品的使用方式，要识别与产品设计相关的人体尺寸并不困难。一般来说，与产品有直接接触的人体部位尺寸比较重要。因此，对于那些需要抓握（如电吹风、电话听筒和高尔夫球棒）或携带（如公文包、手电筒和背包）和坐（如椅子和凳子）的产品而言，这类人体相关部位的尺寸就特别重要。其他与设计有关的人体测量尺寸包括：预留尺寸（如手宽和臀宽）和为了用户的安全和舒适而确定放置显示器、控制器的合理尺寸（如坐姿时的眼高和手能伸展开的最大尺寸）。

2）确定预期的用户人群。有关用户特征的信息可以从产品开发计划阶段所形成的用户模型中获得。了解用户的民族和性别也必不可少，特别是为儿童设计产品时还必须掌握用户的年龄。有时，如能了解用户的职业情况也会助设计一臂之力。人体测量数据是否合适取决于被调查的用户和预期用户群体之间的相似性。

3）选择一个合适的预期目标用户的满足度和百分位数。根据产品的要求和使用对象的特点，正确合理选择每项人体尺寸的满足度和百分位数。

虽然，对于每一项设计我们总希望能够完美地适应所有人员，但在实际中这是不可能的。在涉及与经济和安全相关的问题时，更应进行合理选择。

4）获取正确的人体测量数据表并找出需要的基本数据。针对国内市场的产品可主要依据《中国成年人人体尺寸》，该标准提供了我国成年人共 7 类 47 项人体尺寸基本数据。由于人种和种族等原因，人体尺寸有很大差异。当然这种差异不仅仅是尺寸上的，还有比例上的差异。因此，在设计以进入国际市场为目标的产品时还必须注意相关国家与地区的人体尺寸数据。除此之外，还有上千种其他的人体测量数据，并尽量选择最新的人体数据资料进行设计。

5）确定各种影响因素，并对从表中得到的基本数据予以修正。大部分人体测量数据常取自裸体或衣着单薄的对象。但在具体设计中，我们必须考虑操作者的功能修正量和心理修正量。如安全帽盔、工作靴以及测量或试验用的仪器和维修工具等。下面提供了在采用基本的人体测量学数据后，由于上述因素所必须考虑的一般调整量。此外，在有些场合还应该考虑紧急情况的条件。如在应急时动用的疏散通道，就必须考虑在必要时允许穿戴防护头盔和特种服装或携带氧气瓶和太平斧的人员，甚至考虑扛担架的救援人员通过。为老年人和残疾人的设计更面临特殊的挑战。例如，老年人的肢体伸展范围就不同于年轻成年人；坐在轮椅上的人，其视力和肢体所能伸展的范围与正常人相比，肯定也不一样。再如栏杆的高度略高于人体重心即可，但在一定高度工作容易有恐高心理，因此栏杆需要进一步提高。

3.2.3 人机工程学研究范围——视觉

在人们认知世界的过程中，大约有 80% ~ 90% 的信息是通过视觉系统获得的，因此，视觉系统是人与外界相联系的最主要途径。视觉捕捉到的信息，不只是人体自然作用的结果，而且也是人的观察与过去经历的反映。

1. 视觉特性

视觉的功能是视觉器官对客观事物识别能力的总称，包括视角、视力、视野、视距和视觉适应等。

（1）视角。视角是被看目标的两点光线投入眼球时的夹角。眼睛能分辨被看目标最近两点的视角，称为临界视角。在产品设计中，视角是确定设计对象尺寸大小的依据。

（2）视力。视力是眼睛分辨物体细节能力的一个生理尺度，用临界视角的倒数来表示。

（3）视野。视野是当人的头部和眼球不动时，人眼能够察觉到的空间范围，通常以角度表示。视野是控制展示和控制台等尺寸时的主要依据（见图 3–4）。色视野是指颜色对眼的刺激能引起感觉的范围（见图 3–5），白色的视野最大，其次是黄、蓝、红、绿色等。

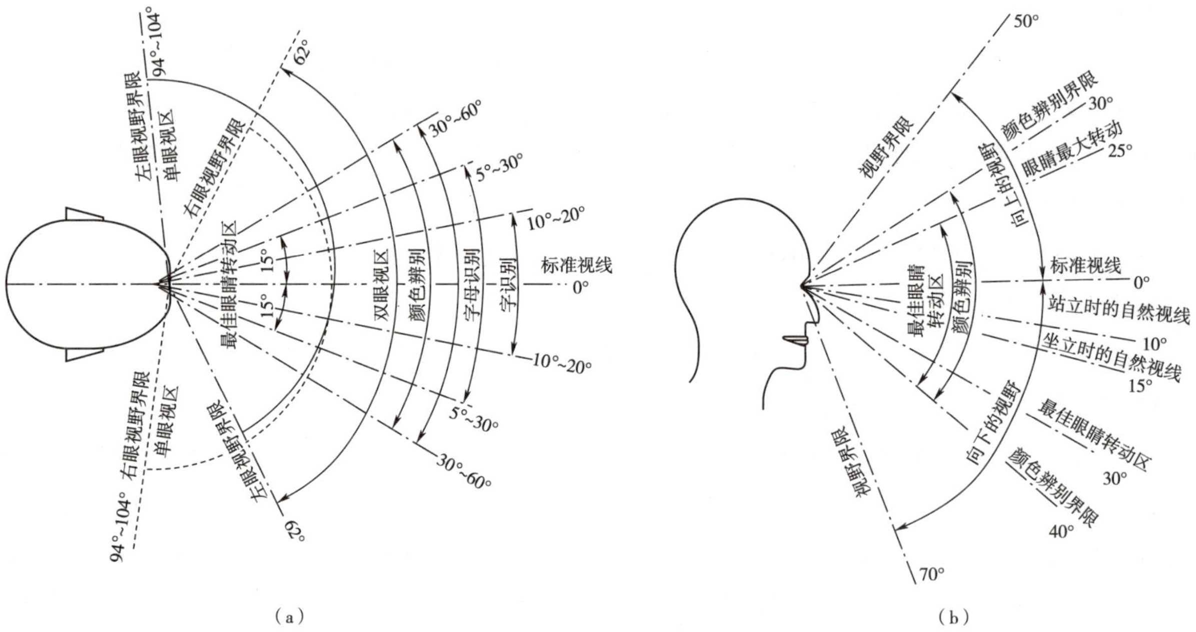

图 3–4　人的视野
（a）水平面内视野；（b）垂直面内视野

（4）视距。视距是人在工作过程中正常的观察距离。人在进行观察作业时，视距过近或过远都会影响认读速度和准确性。一般应根据观察目标的大小和形状以及工作要求确定视距。

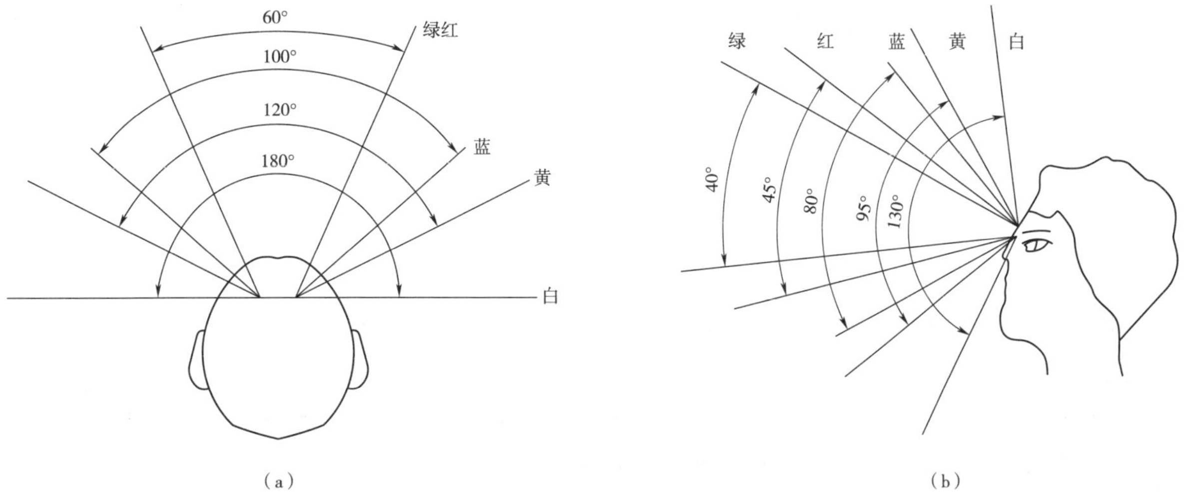

图 3-5　人的色视野
(a)水平面内色视野;(b)垂直面内色视野

(5)视觉的适应。视觉适应是人眼随视觉环境中光量的变化而感受性发生变化的过程，有暗适应和明适应两种，即人从亮处进入暗处或反之的过程。根据视觉的明暗适应特征，要求在设计工作面照明时，应使其亮度均匀而且不产生阴影，否则，频繁的明暗调节，不仅会增加眼睛的疲劳，而且会引起错误操作。

2. 人眼的阅读习惯

根据人眼的阅读习惯，人在阅读时存在一些惯性。

(1)人要看清物体，习惯于从左至右、从上至下、顺时针进行，且水平方向优于垂直方向，因此，人对水平方向的尺寸和比例的估计比垂直方向要更为准确、迅速和省力。

(2)在偏离视中心时，在相同的偏离条件下，观察的优先次序是左上—右上—左下—右下象限。

(3)双眼观察时，两眼同步协调动作；获得视觉印象的最短时间为 0.07 ~ 0.3s，平均 0.17s；对运动目标，仅在运动速度大于 1 ~ 2min/s 时才能鉴别。

(4)眼睛对于表面与轮廓比形体更为注意；直线轮廓比曲线轮廓更易于接受。

(5)观察人时，视线首先集中于眼，其次为嘴、耳和轮廓。

(6)阅读时眼球作单挛运动，一行文字约分 3 ~ 7 个视点，跳跃移动阅读，一视点约 250ms，移动约 10mm。

视觉的这些特点对于产品界面设计和作业任务的安排是十分重要的，它对人的生理和心理的潜在影响是不容忽视的。

3.2.4　人机工程学研究范围——操纵

关于操纵人机工程学的一般介绍可以在手册、课本和标准上查到。这些书对各种各样的操纵器给出了一个全面的观点，并表明了各种操纵器应该怎样使用和避免怎样使用。另外，一些企业提供了详细的设计信息。然而，这些资料几乎没有提供关于较新的操作技术的信息，或传统类型的操纵器在当代有无变化的信息。从产品设计角度来讲，他们没有达到涉及人机工程学这个主题。

传统的产品操纵器是指那些输入装置，用户用来操作以获得产品特定的回应。用户对产品的操作和满意度取决于产品操纵器的舒适性及操纵器的类型、尺寸和空间，开动时所需的力量，操纵动力，操纵或显示的关系，以及操纵器和显示器的安排，操纵的识别这些都是重要的因素。例如，合理的设计能使汽车仪表盘上众多的操纵器看起来很复杂，但是非常好用。

1. 操纵器的类型及其适用范围

在许多产品上有各式各样的操纵器，它们代表着产品各种不同的功能，同时也代表了人对产品的操作方式与程序。

操纵器的分类方法很多。按操纵时人的身体部位的不同，操纵器可分为手动操纵器、脚动操纵器和声控操纵器；按功能可分为开关类操纵器、转换类操纵器、调节类操纵器和紧急开关类操纵；按操纵器运动的轨迹的不同，操纵器可分为旋转式操纵器、操纵式控制器和按压式控制器等。

《操纵器一般人类工效学要求》（GB/T 1477—1993）列出的操纵器选用原则如下。

（1）手控操纵器适用于精细和快速调节，也可用于分级和连续调节。

1）手轮适用于细微调节和平稳调节，当手轮一次连续转动角度大于 120° 时应选用带柄手轮。

2）曲柄适用于费力和移动范围大且精度要求不高的调节。

3）操作杆适用于在活动范围有限的场所进行多级快速调节。

4）按键式和按钮式开关适用于快速控制线路的接通与断开。

5）扳钮开关适用于两种或三种状态的调节。

6）旋钮适用于用力小且变化细微的连续调节或三种状态以上的分级调节。

（2）脚控操纵器适用于动作简单、快速和需用较大操纵力的调节。脚控操纵器一般在坐姿有靠背的条件下选用。

2. 操纵器设计的基本要求

在设计操纵器时，除应考虑上述人机工程学因素之外，还应符合下列基本要求。

（1）操纵器应根据人体测量数据、生物力学以及人体运动特征进行设计。对于控制器的操纵力、操纵速度、安装位置和排列布置等，应按总体操作者中小百分位数的人体来设计，使操纵器适合于大多数人的使用。

（2）操纵器的运动方向应与预期的功能和产品的被控方向相一致，即显示与控制的相合性。如操纵器向上扳动或顺时针方向转动，从功能角度看，应表示向上（按通）或加强；从机器设备被控角度看，应表示机器设备向上运动或向右转动。当产品运行为上下直线运动时，操纵器也应作上下直线运动；当产品转圈时，操纵器宜采用手轮式操纵器，如汽车转弯应采用圆形方向盘（见图 3–6）。

（3）应尽量利用操纵器的结构特点（如利用弹簧和杠杆原理等）或利用操作者身体部位的重力进行控制。对于连续性或重复性的操作，应使身体用力均匀，而不应只集中于身体的某一部位用力，以减轻疲劳和避免单调产生厌倦感。

（4）尽量设计和选用多功能操纵器，以节省空间，并减少手的运动和加强视觉辨认。如计算机的多功能鼠标和游戏操纵杆等（见图 3–7）。

在操纵器的设计上，以用户为中心的设计在遵循易用的原则上，有时候有些东西是故意设计的很难用，但这样的设计是合情合理的。例如故意把遥控器设计得很大，且很分散，以免被小孩子误用。尽管这些东西需要设计的难以理解或难以使用，但这并不意味着与人机工程学的冲突，而是为了控制该用品的用户范围，总体依旧是遵循人性化设计的原则的。

（a）　　　　　　　　　　（b）

图 3-6　国内外农机驾驶室操纵器的设计上的差别
（a）国内农机驾驶室；（b）国外农机驾驶室

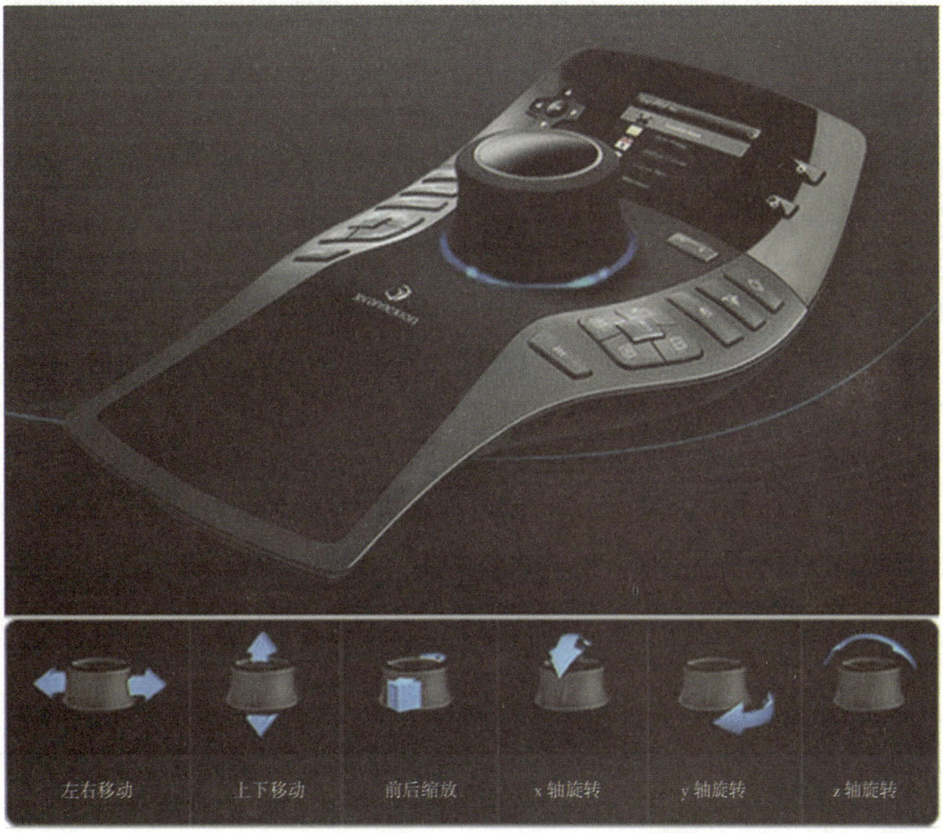

图 3-7　罗技 3D 鼠标

3.3 产品设计与人机工程学

设计是一项复杂的工作，涉及很多学科。设计的目的是要让产品为人所用，因此用户的需求应当贯穿于整个设计过程之中。满足人机工程学的设计，不仅包括对生理学和解剖学方面的一些知识的运用，也包括了心理学方面的一些因素，如家庭、社群、社会阶层和文化等。例如，西式洗碗机在亚洲市场卖得不好，是由于洗碗机的设计配置不适合亚洲饮食用具的清洗。它主要用来洗净盘子、叉子和刀子等，而不能用来清洗中国人的碗筷，也不能用来清洗印度人和马来人的煮锅和平锅。除此之外，亚洲家庭劳动人手充足且廉价，所以对洗碗机的需求不大。因此，我们要在掌握人机工程学的基本原理与方法的基础上进行学习与创新，每一件产品其人机工程学的要求是不同的。在设计中，应以人机工程学作为设计的切入点，实现人与产品的健康、安全、舒适和工作效率的和谐统一。

3.3.1 Aeron 椅

设计：Bill Stumpt，Don Chadwick。

制造公司：米勒（Herman Miller），1994。

美国第一家具品牌米勒公司于 1994 年所推出的 Aeron 椅（见图 3-8），由两位美国顶尖工业设计师 Bill Stumpt 和 Don Chadwick 所设计，是世界首张采用复合纤维材质高科技人体工学椅。两位设计师在开始设计时，脑中没有任何有关式样或材料的设想，但是他们深知椅子应当满足人的哪些需求。考虑到人体工学，它的功能不仅仅是让人坐，还应该能够主动调节，让那些保持坐姿时间过长的使用者健康不受或少受损害。在功能方面，它应该可以简单而自然地移动和调节，应当能为从事任何办公任务和习惯任何姿势的就座者提供支持。在人体测量学方面，这款座椅应比它的前几款更富包容性，它的任务不仅仅是让娇小的和高大的人都能入座，还应完全贴和他们的身体，提供舒适的感受。在环保方面，它应属于良性产品，应当节省自然资源，具备耐用、可修理和可降解回收等特点。

Aeron 椅的特点如下。

卓越的性能：全面可调节的设计，创新的材料，三种不同的尺寸，适合长时间就座。为了确保恰当的支撑，伸展性和倾仰张力范围都根据每种尺寸座椅所对应的使用者的体重与体型进行更精准校准。

符合人体工学的支撑设计：即将被应用到新一代座椅上的突破性成果为腰线以下的下背部提供了完全贴合的自然支持，能使人体保持更健康的姿势，并实现了下背部的舒适感。

高椅背：三种尺寸的 Aeron 椅都有一张高大开阔的等高椅背，能够分担来自脊柱下部的重力。双臂舒适自如，宽松的扶手可前倾调节。瀑布形的前侧椅边，可有效减缓大腿下侧的压力，保持顺畅的血液循环。

舒适的悬浮设计：有利健康的支撑。坚实的 Pellicle 悬浮系统能够将重力均匀地分配到椅座和椅背上。最大限度地减少受压点的不舒适感，实现椅子与身体轮廓自然贴合和自动进行温度调整。贴合身体：Pellicle 可以与身体轮廓自然贴合。它将脊背和大腿后部的受重恰当地分配到椅座和椅背上，最大限度减少受压点的不舒适感。

透气性：由于空气能够穿过 Pellicle 材料中的间隙，使用者可以享受到自始至终的舒适，自动做温度调整（见图 3–9）。

图 3–8　Aeron 椅

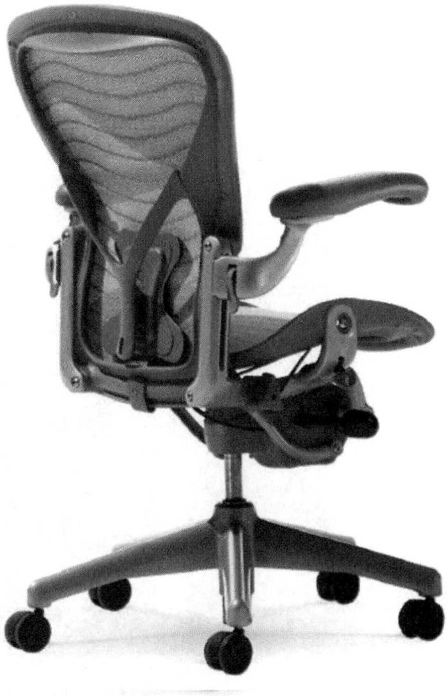

图 3–9　Aeron 椅的背面图

Kinemat 自然的倾仰：让身体沿脚踝、膝盖和臀部进行轴向运动，这样使用者就可以轻松地改变坐姿。在大约 30° 范围内倾仰时，上身重量可以从腰部转移到背部和宽阔的靠背上。前倾或后仰时，感觉仍跟正坐一样舒适自然。人体腰线以下部位提供了一个良好的支撑，能解决大部分对于腰靠需求的问题，也不会产生一般坐椅所造成的空虚感觉，能随时随地保持良好健康坐姿，享受腰部舒适与背部服帖的感觉。针对不良坐姿作了改良，除了填补多余的空隙外，椅座前方也稍微往上扬，另外，椅座左右侧椅边为往上内凹，除了提供舒适的包覆性，也不易造成臀部滑动，为下脊椎处提供了支撑。

Aeron 椅主要由可回收的材料制作而成，经久耐用，而且最易磨损的部件都可以轻松地完成更换和回收（见图 3–10）。

图 3–10　Aeron 椅的局部图

3.3.2　佳能 T90 相机（Canon T90）

设计：Luigi Colani 路易吉 · 克拉尼，1994。

1. 指导思想

作为影像再现的工具，相机是人手和眼的延伸，它必须易于使用。这一最早的人体工程学设计思路贯穿了佳能 T90 相机（见图 3–11）的设计全过程。佳能 T90 面市后，被多个照相机杂志称为真正“推动了设计的包络”，佳能 T90 给相机设计带来了显著的变化，使相机成为人的工具。佳能 T90 达到了原来设想的目的——用户友好的工具，作为人的眼睛和手的扩展，柔和的曲面和前所未有的多功能。

图 3–11　佳能 T90 相机（Canon T90）

2. 佳能 T90 设计的特点

（1）大量使用曲面的流线形 Bio–form，大量的顺滑和配合手形的设计方向，圆滑中有着高科技的感觉。

（2）采用两种半光泽黑色涂层形成低反差的外表，有舒适和高贵的感觉。

（3）流畅的外形可以舒适地握持在手掌中，通过曲面，改进了右手拇指放在机背的感觉。手把的设计配合手形使握持舒适和服帖，人造皮的质感，使用感觉更舒适。手柄上可见两个凹位，较上的凹位放置食指，较下的弧形凹位放置四只手指。

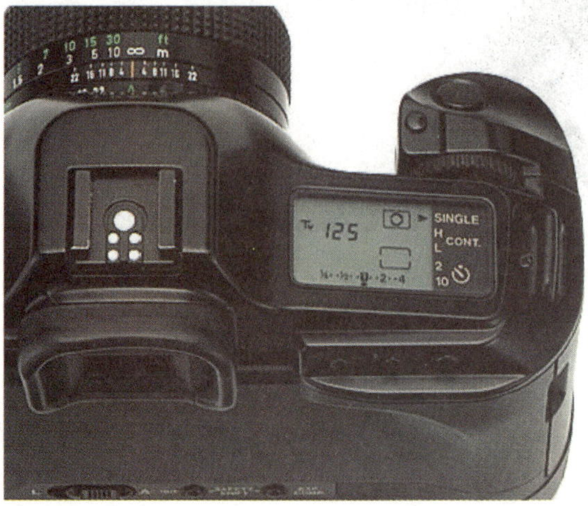

图 3–12　佳能 T90 相机局部图

（4）精心设计的快门按钮形状和周边的凸缘，使食指更为舒适；由于相机具有一定的重量，当单手拿相机时，单靠手把的摩擦力显然不够，所以食指对上凸出的位置，让食指帮助分担相机重量。当食指按快门时中指对上凸出的位置，让中指帮助分担相机重量。

（5）根据使用的频率和重要性来最佳布局操作部件。用户界面改变通过 LCD 显示和电子转盘控制。使用者可单手以两转盘的配合控制相机大部分常用功能，而另一只手可集中控制焦距，不会因调焦设定而错过捕捉影像的机会（见图 3–12）。

3.3.3 可爱的小猪存钱罐

设计：贝姬·米勒（Becky Miller）。

现代企业制造出的产品不仅能满足人们的理性需求，同时也能满足他们的情感需求。情感设计是强调情感体验的设计，而不是以情感体验为基本目的的设计。这个小猪存钱罐颠覆了传统的存钱罐的概念。它看起来就像一只普通的小猪，专门用来存储硬币。随着硬币不断地被塞进小猪的肚子里，小猪会变得越来越胖。对于小猪的使用者来说，需要更谨慎地决定什么时候和如果去使用里面的硬币。设计引入了情感的因素，更适合作为年轻人的益智性的玩具（见图3-13和图3-14）。

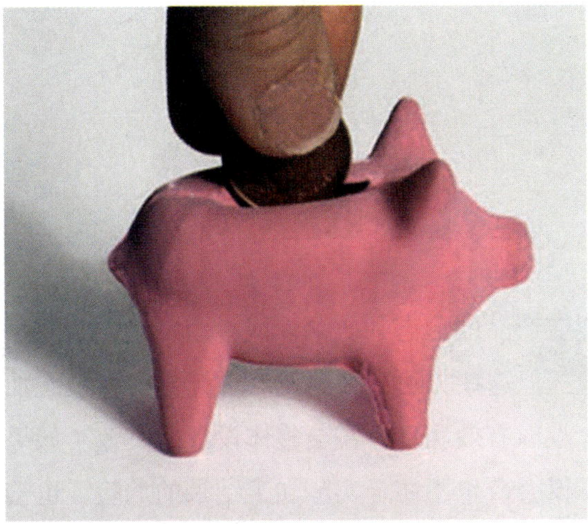

图3-13　向小猪存钱罐放入硬币

图3-14　小猪存钱罐放入硬币前和后的对比

第4章

Chapter4

设计材料与加工工艺

4.1 概述

产品设计师通常采用熟练的表现技法在二维平面上塑造产品的形态和效果，或者用一些非实际生产的替代材料制作模型来表达产品概念和进行产品的检验。但这些方法往往会忽略设计方案在最终加工过程中工艺和材料的真实情况，从而导致原始产品概念难以有效实现，甚至整体设计的失败。如果设计师仅仅在纸上使用铅笔和马克笔来塑造外形，那么不仅会产生不切合实际加工结果的危险，也会产生不理解现实空间和实际材料性能的危险。制造成功的产品需要采用实际的材料和加工方法，这不可能仅仅依靠电脑来实现外观效果，还需要材料和加工工艺发展的支持和合作。例如苹果公司的一款MacBook笔记本（见图4-1）就是一个很好的例子。为了实现笔记本中轻巧与强度之间的平衡，它的外壳就是从一整个铝块中切割而成的。苹果公司一体成型的机身除了带来优异的结构性能和精致独特的外观，更让其成为了一个艺术品。材料的选择和生产工艺的选择以及形式之间，它们相互依赖发展，这是一个不断优化的过程。因此，产品设计材料和工艺的选择与研究，是新产品开发得以顺利完成的保证，也是在设计基础层面提升产品品质的关键途径。

图4-1　MacBook笔记本

4.2 材料及工艺的基本理解

4.2.1 设计与材料

在工业设计范畴内，材料是指用于工艺设计并且不依赖人的意识而客观存在的所有物质。因此，设计材料所涉及的范围十分广泛，材料是实现产品造型和功能的物质基础，能否将材料与功能有机地结合起来，使材料特性在产品设计中得到最大的发挥，依赖于对材料特性全面透彻的认识和掌握。因此，学习如何全方位把握材料性能的方法和途径，培养应对层出不穷的新材料的能力显得尤为重要。

从多种角度去认识材料，是系统和全面地把握材料的最好方法。材料的分类方法是多种多样的。常见的分类方法有：按照材料的来源，可将其分为天然材料（即原生材料，如木材和石材等）、人造材料（即人工制造的材料，如塑料和钢铁等）；按照材料的分子结构，又可将其分为高分子材料（如棉、麻、橡胶和塑料等）与低分子材料（如金属和水等）、有机材料与无机材料、可降解材料（如木材和纸）与不可降解材料（如塑料）；按材料的形态，还可将其分为线材、面材和块材……然而，我们最常用的分类方法则是按材料的性能来划分的，即金属、塑料、陶瓷和玻璃等。

4.2.2 材料的特性

材料特性包括两方面：一方面是材料的固有特性，即材料的物理特性与化学特性，如力学性能、热性能、电磁性能、光学性能和防腐性能等。材料的固有特性是由材料本身的组成和材料的结构所决定的。材料的固有特性是指材料在使用条件下表现出来的性能，它受外界条件（使用条件）的制约。另一方面是材料的派生特性，由材料的固有特性派生而来，即材料的加工特性、感觉特性和经济特性等。尽管了解材料的性能是工程师的责任，然而对于工业设计师来说，大致了解描述材料的基本术语和基础知识也是非常重要的，这样可以使设计师了解形状与应用之间的关联，以及如何发挥出材料的最佳性能。

在产品造型设计中，精湛的工艺技术是实现产品最佳效果的前提和保障。应针对不同材质和工艺进行综合的全面考虑，并通过各种工艺技术将其制作成产品。材料的工艺性是指材料适应各种工艺处理的能力，它包括材料的成形工艺、加工工艺和表面处理工艺，是材料固有特性的综合反应，是决定材料能否进行加工或如何进行加工的重要因素，直接关系到加工效率、产品质量和生产成本。

在我们日常生活中，有很多的设计就是充分巧妙地利用了材料的工艺性，使产品取得了很好的效果。例如，通过巧妙地热处理和操作后，一把好剑获得了看似矛盾的既硬又脆的机械性能。

材料的感觉特性指的是质感，就是人的感觉器官对材料特性作出的综合印象。或是由人的知觉系统从材料表面特征得出的信息，是人对材料的一种生理和心理感受活动。材料美学在产品造型设计中具体化，就是质感设计（见图 4–2）。

质感包括两个不同层面的概念：一是质感的形式和肌理，即物面的几何细部特征；二是质感的内容要素和质地，即物面的理化类别特征。

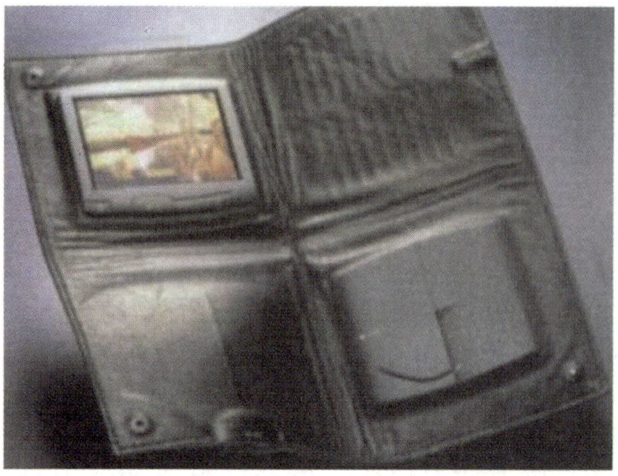

（a）

（b）

图 4-2　不同材料的物品给人带来的不同感受
（a）皮革的柔软、暗淡给人以体贴、舒适感；（b）金属光泽、华丽、强度高结实感

质感包括两个基本属性：一个是生理属性，即物体表面作用于人的触觉和视觉感觉系统的刺激性信息，如软硬、粗细、冷暖、凹凸（干湿、滑涩等）；另一个是物理的属性，即物体表面传达给人知觉系统的意义信息，也就是物体的材质类别、价值、性质、机能和功能等。

在购物时，顾客往往会用手摸、拍和用眼审视，对产品进行评价。“摸、拍、看”就是对产品材质、造型的美感和舒适感即质感设计的评判。

4.2.3　常用材料

1. 金属

金属的生产和使用，开创了人类文明新的历史，人类最早利用的是天然金属，如铜、金和铁等，但是天然金属十分稀少，在人们掌握了冶炼技术以后，金属才对社会生产产生了重要影响。金属的每一次新发展都会推动社会发展的步伐。金属是现代工业设计中最常用，也是最主要的材料之一，今天主要使用的金属有铁、铝、铜、锌和镁。金属材料具有金属光泽，是热和电的良好导体，具有优良的力学性能和优良的可加工性。例如，作为工业中用量最大的有色金属，铝可以应用于汽车、自行车、餐具、手表以及门窗等。但是仅仅使用纯铝的材料很少，因为纯铝的强度很低，使其用途受到限制。因此，经常在铝中加入其他金属元素，如铜、镁、硅和锰等，制成铝合金。铝合金具有质轻、坚硬的特点，且不易腐蚀。铝合金经过热处理后，其强度比纯铝大约高 6 倍，被广泛应用于航空和机械工业中。

2. 塑料

塑料是以树脂为主要成分，在一定温度和压力下塑造成一定形状，并在常温下能保持既定形状的高分子有机材料。树脂是指受热时通常有转化或熔融范围，转化时受外力作用具有流动性，常温下呈固态或半固态或液态的有机聚合物，它是塑料最基本的，也是最重要的成分。广义地讲，在塑料工业中作为塑料基本材料的任何聚合物都可称为树脂。

塑料有以下 6 个优点。

（1）质轻，耐振动与冲击，强度比较高。一般塑料的密度在 0.9 ~ 2.3g/cm^3 之间，为钢铁的 1/8 ~ 1/4 和铝的 1/2 左右。

（2）塑料是良好的绝缘体。

（3）大部分塑料的抗腐蚀能力强，不与酸和碱反应。

（4）具有较好的耐磨耗性。

（5）多数塑料制品具有透明性，并富有光泽，能着鲜艳的颜色，耐用和防水。

（6）容易成型并加工成不同形状。

然而，塑料也有不足之处。例如，耐热性比金属等材料差，一般塑料仅能在100℃以下使用；塑料的热膨胀系数要比金属大3 ~ 10倍，容易受温度变化影响尺寸的不稳定性；塑料在大气、阳光、压力或某些介质作用下会发生老化，使用性能变坏；塑料难以自然降解，在自然界不会腐坏，会污染环境和恶化土壤结构。但是，随着塑料工业的发展和塑料材料研究工作的深入，这些缺点正在被逐渐克服，性能优异的新型塑料和各种熟料复合材料正不断涌现，更好地满足了高新技术发展的要求。复合材料是由高分子材料、无机非金属材料或金属材料等几类不同的材料通过复合工艺组合而成的新型材料，从而获得新的优越性能。随着环境保护呼声的日益高涨以及塑料工业技术的不断发展，可降解料走进了人们的视线，并逐渐成为一类重要的高分子材料，可降解塑料按其降解机理在一定的条件下可被土壤中的微生物吸收降解，具有较好的环境安全性。杜邦、拜尔等公司都已利用该技术实现了工业化生产。

3. 陶瓷

陶瓷属于无机非金属材料，如混凝土、黏土、砖和玻璃等。这些材料可以铸模或烧结成型，它们基本上都坚硬和致密，但易碎，因此可以作为理想的容器、餐具和生活产品。由于陶瓷具有非常好的抗导电性、高硬度以及高化学稳定性，因此在航空、航天、机械和电子信息等众多领域具有无限广阔的应用前景。

陶瓷最突出的缺点是脆性，在稍受外力冲击的时候便易发生脆裂，在外力作用下不发生显著形变即产生破坏，致使其应用尤其作为结构材料使用时受到局限。为了改善陶瓷材料的脆性，目前已经研制出高韧性和高强度的氧化物或非氧化物陶瓷，如碳化钛用于抗磨损表、二氧化锆用于陶瓷刀刃等，这些材料比钢还坚硬，保持坚固的时间是钢的10倍以上。

4. 木材

木材是我们在设计中最常使用的材料之一。木材的种类繁多，每种木材的属性都各不相同。废旧的木材可以自然降解，或者焚烧释放能量。焚烧木材所释放的二氧化碳量相当于它生长过程中所吸收的二氧化碳量，因此是一种碳平衡的材料。木材通常可以就地取材，但是为了可持续发展，在砍伐后应当适时种植新的树苗。

由于木材是一种天然材料，在生长过程中受到自然环境的影响，因此会存在许多天然的缺陷，例如树结和裂缝等，以致在大批量生产中很难保持产品的连贯性和完整性。因此，人们将木材以及其他植物纤维作为原料，经过机械或化学处理，制成了人造板材。人造板材不仅有效地提高了木材的利用率（一般从一棵树木到制成家具或其他成品，其中木材质的利用率不到30%），而且相比原木更具有质地均匀、表面平整光滑、美观耐用和易于加工等优点。人造板材的构造种类很多，最常见的有胶合板、刨花板和纤维板等。

从手机外观材料的演变上我们可以看到材料的变化。如同大多数人所熟悉的，从最开始的耐摔的金属框外壳，到摩托罗拉的黑色塑料，其后多款颜色可选的爱立信孔雀机风靡一时，以及诺基亚的多彩换壳机将手机带入彩色塑料的缤纷世界。各种模内装饰、铝合金、镁合金、不锈钢等工艺及材料与传统工艺有机结合，将手机的外观设计引入到一个全新和多元化的阶段。

例如钛金属质轻坚韧、具有极佳的耐蚀性，平常主要应用在航天工业与生物、化学、医药工程，应用在手机外壳上有点大材小用，却能够衬托手机的极致与稀有。而人造麂皮应用在手机外壳上，成功塑造了通信产品的时尚意象，把时装业的流行时尚带进手机产品。木制手机，有点直接地将一块木头切削后塞入手机主机板，缺了点时尚却反带有浓浓的乡村味。陶瓷在手表业界一直是雷达表的代名词，而有厂商已经将陶瓷材料应用在手机外观上。至于更多的诸如香味手机或者结合视觉与嗅觉两种感官经验，并且考虑到消费者的使用性的产品也大有所在。各种材料科学的进步给了产品设计更多的可能。

4.3 产品设计与工艺及材料

1. 产品设计与工艺之间的关系

设计和制造有竞争性的产品最重要的要求之一就是，选择产品中不同构件所采用的各种材料与加工方法的最佳组合。大多数现代产品都比较复杂，常需要采用多种材料，因此，必须在其功能要求、令人满意的外观和合理的成本三者之间达到恰当的平衡。

产品工艺性包括加工成型性和表面处理性，其实质是成型加工工艺对设计造型的影响问题。设计师的一般设计思路如下：

（1）确定实现产品功能的原理和方法。

（2）确定合理的结构，以实现产品功能的要求。

（3）进行产品设计（包括造型、色彩和质感等）。

（4）选择材料，如用薄钢板、铁皮、轻金属合金、塑料等。

（5）针对不同材料的工艺特性，确定相应的加工工艺，实现产品的形态。

以上各步骤往往是相互交叉和多次反复。工业产品的生产，都是通过一定的工艺方法来实现的。因此，工业设计人员必须了解材料及加工方法才能保证设计的有效性。

2. 产品设计与材料之间的关系

设计材料的选择是产品设计的起点，选择恰当的材料和工艺作为产品设计的物质技术基础，对设计概念转化为产品实物起着关键的作用。

材料的选择是一个复杂的过程，面对庞大的材料世界，要正确选择所需要的设计材料的确不是一件容易的事情。例如，金属材料有几十万种，塑料材料也有上万种，另外还有五花八门的陶瓷材料以及复合材料，并且材料与功能之间具有不确定关系。为了实现同一功能，可以使用多种材料，每一种材料都可以合理结合去完成所要达到的功能，进而产生相应的造型形式。例如，陶瓷餐具与不锈钢餐具，虽然他们的材料、结构和造型都不同，但是他们却实现着相同的功能。

通常在材料的选择要注意功能性因素、经济因素、环境因素、加工工艺因素及新材料对产品设计的影响等 5 个方面的问题。

（1）功能性因素。

1）产品的使用功能要求。无论做何种产品，所选择的材料一定要首先满足产品的功能要求和所期望的使用寿命。例如，设计师要设计一把椅子，无论选用什么材料（塑料、金属和木材等），也无论采用什么样式，所设计出来的产品——椅子，一定要满足其主要使用功能——坐。不同的材料由于其本身的特性差异，在应用上有很大的区别。如塑料的出现大大改变了椅子的形态。因此作为设计者，在选择材料的时候应该考虑清楚需要利用材料的哪一方面特性，准确选择材料及其使用方式。

2）产品的外观及结构要求。产品的外观设计在很大程度上受其可见表面的影响，并受使用材料所能允许的结构形式的限制。因此作为设计者，外观及结构也是材料选择必须考虑的一个重要因素。

3）产品的使用安全要求。材料的选择应当按照有关的标准正确选用，并充分考虑各种可预见的危险。例如，设计一款小家电，如电吹风的把手是与人手接触的部位，其表面应该选择具有绝缘性质的材料；在电吹风使用的过程中，会产生一定的热量，因此其外壳应该选用具有一定隔热以及耐温性质的材料；机器内部有电元器件，当机体受到碰撞时候，机壳不应碎裂，以保证使用者不会触电，这就要求机身的材料应该选择具有一定的耐冲击性。

（2）经济因素。选择材料的经济性始终是工业造型设计中十分重要的内容。在满足使用要求、艺术造型、工艺和可达性的同时，尽可能选用价廉的材料，最好选用国产材料，使总成本降至最低，取得最大的经济效益，使产品在市场上具有较强的竞争力。经济用材应该包括两个方面：一是用材经济；二是在同等性能要求下选用价格低廉的材料，用最少的材料发挥最大的效用，用最经济的材料满足相同的功能。

成本通常是评价材料的控制因素，因为在许多应用场合对于满足应用要求的材料都有一个成本极限，当超过成本极限时，就要通过修改设计来改变对材料的要求，以便成本保持在极限以下。对于特殊的设计，价格不是选择材料的唯一因素。如果仅仅制造少量的机器构件，那么材料价格几乎是无关紧要的。如果要使用大量的材料，那么应该对现行的材料价格进行全面的研究，总的原则是选择价廉物美的材料。材料价格一方面对总成本有很大的影响，另一方面它本身在产品总成本中也占有较大的比重，因此，材料价格是选材经济性的一个重要因素。例如，设计师要设计一款笔，其笔杆要求采用透明的塑料，有 PS、ABS 和 PC 三种材料可供选择。这三种塑料的透光性、实用性及价格均存在一定的差异，因此设计师在做选择的时候要充分考虑自己所设计的产品的档次定位以及要求控制的成本范围。例如，面向低端消费者的廉价低档的产品可以选用 PS，而面向中高端客户的中高档产品则可选用 PC。

（3）环境因素。在设计选材时，从产品材料影响环境的角度，首先，必须考虑产品未来被废弃时应易于处理和回收。其次，由于产品总是在一定的环境中运行和使用，因此产品的材料也必然受到环境的影响，从这个角度看，就必须对产品在未来的使用环境中可能存在的影响因素作必要的考虑。

1）材料对环境的影响。

a. 选用同类材料。设计产品时应尽量采用同类材料，避免选用不同的材料，以便产品的回收和再利用。

b. 减少表面装饰。产品表面不用任何涂和镀的原材料直接制成产品，这样不仅可以降低成本，而且便于产品回炉处理和循环再利用。

c. 采用可降解材料。可降解材料是指产品废弃后能自然分解并为自然界吸收的材料。在塑料成型加工和使用过程中产生的塑料废弃物，尤其是塑料包装材料更是令人头疼的环境污染源。

d. 废弃物的再利用。充分选用废弃物的再生材料，以利于资源的循环再利用。对废弃物的再利用，不仅能有效地减少可能污染环境的垃圾堆放，也大大节约了原材料。

2）环境因素对产品材料的要求。产品未来的工作环境在决定材料的要求方面起着很重要的作用。腐蚀环境以及高温和低温条件能使大多数材料的工作性能变坏。不管什么时候，只要采用一种以上的材料，材料的相容性就变成了一个选择条件。例如，在高温环境中为了避免热变形，组成部件的所有材料的热膨胀系数应当一样；在潮湿环境中，为避免原电池腐蚀，直接接触的材料应当仔细选择；在构件之间有相对运动的运用场合，应当考虑所包括材料的抗磨性能，在设计中应当为接触面提供润滑，否则必须选择自润滑材料。

（4）加工工艺因素。材料和加工工艺是密不可分的，有什么样的材料就有什么样的加工工艺，合理地选择材料当然也包括了合理的加工工艺。

在造型设计中，实现造型的工艺手段和材料选择是重要因素。工艺产品造型设计必须有一定的工艺技术来保证，必须依据切实可行的工艺条件和工艺方法来进行造型设计构思。同时要熟悉所选用材料的性能和各种工艺方法的特点，掌握影响造型设计的关系与规律，经过反复的实践，才能较好地完成造型设计。

材料与加工是分不开的，合理使用材料包括所选用的材料如何能给加工带来便利。例如，产品批量化程度决定了产品加工对材料的选择和加工方法的确定。当某个产品的年产量较小时，不宜选用大批量生产方式或模具工艺，这是因为年产量较小的产品若采用大批量生产方式，产品成本会较高，制作周期也会延长，若采用传统的机械加工的方法，如折弯、车、铣和焊等，就会大大减少这些现象的发生。当然，选择的材料不同，采用的加工方法也会截然不同，如果将原材料改为塑料，实现产品的加工方法就需要改为模具制作等方式，随着产品批量的增大，成本会降低，加工难度也会下降。

例如，不同类型的塑料，密度不同，使用的环境要求不同，其加工成型工艺也不同。因此在设计选材时，在不影响造型功能的前提下，为了降低成本，应尽可能地选择加工工艺简单方便的材料。从经济上讲，加工成本常常超过毛坯材料的成本，而且在许多情况下，采用相对较贵的材料所花的费用比采用加工费很高的廉价材料所花的费用要低。由此可见，在产品设计过程中，加工工艺经常制约着设计师对材料的选择。因此在选择材料的思考过程中，加工工艺因素决不能忽视。一般情况下，同材性或同材形的材料，加工工艺简单会优先考虑。

再如，设计的产品需要使用注塑成型，设计师需要对其进行精心设计。产品的每一个细节都必须在生产前就进行认真考虑和检查。所有的注塑产品都会形成痕迹和缝隙，如分模线、浇注口和顶杆等，但是通过精心的设计，即使在仔细审视下，这些痕迹也不会被轻易的发现。

（5）新材料对产品设计的影响。材料与工艺为产品设计提供了物质基础和技术基础，而当产品设计选择了新的材料与工艺时又会促进材料本身的发展。

工业化以后材料技术的发展极其迅速。寻找新材料的尝试首先与制造商有关系，这是因为制造商出于降低造价扩大市场以及争取生产制造过程的有效性这两方面的考虑，然而新材料的出现立刻就向设计师提出了挑战。步入 20 世纪，材料领域的发展空前高涨，在考虑新材料的廉价和有效性的同时，设计师开始考虑其美学上的可能性，以适应新时代的要求。

Solarise 灯罩采用了热敏材料，当打开灯光持续一段时间，随着温度上升，灯罩上的伦敦景象就发生有意思的变化。图 4–3 为来自 PU TAI 设计的灯罩。

图 4–3　Solarise 灯罩

4.4　材料工艺在产品设计中的运用实例

4.4.1　Hidden.mgx

设计：丹・以菲特（Dan Yeffet）。

它可以是一个外部装饰的花瓶，也可以通过它的“枝干”编织一个植物或其他装饰品种。选用选区激光烧结技术（SLS），由聚酰胺（尼龙）制成。这款特殊的设计只能够采用快速成型技术实现，因为这种工艺所允许自由设计远远超出了传统制造工艺的能力（见图 4–4）。

（a）

（b）

图 4-4　Hidden.mgx
（a）Hidden.mgx 整体；（b）Hidden.mgx 局部

4.4.2　潘顿椅

潘顿独特之处是他向来不依照既有的常规行事，他的作品每每令人感到惊奇。他曾谈及自己的设计，“我试着忘记现成的范例，即使他们制作精良；我尝试去找寻我个人处理材料的方法。这个结果很少出现四支脚，这并不是我不愿意去做一张椅子，而是因为面对新的材料像铁网与聚酯，必然会导致新形式的出现”。

图 4-5　潘顿椅

潘顿创造了设计史上第一张利用塑料聚酯（polyester）整体成型的椅具——潘顿椅（Panton chair）。潘顿椅可以说是潘顿最著名的作品，也是 20 世纪最重要的设计经典之一（见图 4-5）。

这张椅子从构思、设计、研发到批量生产花了将近 12 年。一方面，这个历程反映了 20 世纪 50 年代之后石油化工产业的发展，为设计界打开了一个全新的局面，而塑料材料的性质、生产技术和成本计算对设计师而言都是前所未有的全新挑战；另一方面，这类聚合材料也使设计师在形式的表现上有了极大的自由度，可以创造各式各样流线型、具未来性的作品。潘顿椅在 1968 年首次以聚酯生产之后，曾历经三种不同的材料改良，之后停产，直到 1990 年 Vitra 公司再度研发材质，加强表面抗刮损的能力，才在 1999 年以聚丙烯（polypropylene）重新生产。

潘顿的各类作品无不具备强烈鲜明的风格，而奠定这个风格的基础则是潘顿对色彩、几何形式以及构造材料的大胆尝试。而且他克服了许多观念上与技术上的限制，成为今日设计界常用的材料（如塑料、亚克力、玻璃纤维、海绵橡胶和铁）的先驱，以及新的视觉与感官体验的开创者。这些史无前例的作品若无扎实的材料与技术的研发做后盾，很可能流于纸上谈兵，一事无成。局部性的装饰与操作，能够深入整合设计的功能、结构和美学为一体。

潘顿的设计作品激进且背离传统。潘顿一方面不断向旧有的成规提出质疑，另一方面则从日常生活的作息中探求新的设计思想。而在打破成规之后，伴随而来的往往是一系列技术性的难题；潘顿知道技术的解决不是问题，如何逼近设计原创的构想才是困难之所在。

4.4.3 电动工具——链锯的加工工艺

链锯的结构一般包括左右机壳、电机壳、防护板、链条导板、开关、油壶、电缆线以及内部电子元器件等（见图 4-6）。

左右机壳一般选用 ABS 或者 PA6（尼龙），PA6 的强度要高于 ABS，因此对于一些强度要求较高的产品，通常采用 PA6。PA6 是热塑性塑料，具有轻质、韧性好、耐化学品和耐久性强等特点。为了便于操作时抓握，左右机壳手柄处采用了双色注塑（PA6+TPE）。

电机壳一般选用 ABS 塑料，ABS 是一种强度高、韧性好、易于加工成型的热塑型高分子材料。由于其强度高、耐腐蚀和耐高温，所以常被用于制造仪器的塑料外壳。电机壳表面磨砂处理。

图 4-6 链据

防护板采用的材料为 PC（聚碳酸酯）塑料，PC 耐热，抗冲击，阻燃，具有良好的机械性能。

链条导板的采用材料为不锈钢，不锈钢链条特别适合耐腐蚀、清洁或某些化学品要求苛刻的领域以及高、低温场合中。

开关的外壳采用的材料为酚醛树脂，它具有优良的使用性能，包括力学性能、电绝缘性能、化学稳定性和热稳定性等。

油壶采用 PE 塑料，主要用吹塑的方式进行加工成型，油壶盖为 PP 材料。

电缆线外皮采用的为重型耐油氯丁橡胶材料，可承受较大的应力，既可用于干燥或潮湿的室内，也可在露天或潮湿的工业环境中使用。

第5章
Chapter5
可持续产品设计

5.1 可持续发展的基本概念

1980年自然保护国际联盟（IUCN）首次提出可持续发展（Sustainable Development）这一概念[1]。1987年著名的《我们共同的未来》中将可持续发展定义为“满足当代人需要又不损害后代人需要的发展”[2]。它的主要思想是：随着社会经济的飞速发展，环境质量，以及维护环境所必需的投入将变得更为重要，因为它与我们的生活和切身利益相关联。在1992年颁布的《马斯特利赫特条约》中，则用了以下四个概括性目标来给“可持续发展”下定义：①维持、保护和改善环境质量；②保护人类健康；③谨慎和合理使用自然资源；④促进国际间的合作机制来处理全球性问题和环境问题。

可持续发展思想的提出和形成经历了几十年的时间。共经历了三个阶段[3]。第一个阶段：污染治理阶段（20世纪50年代末到70年代末）。第二个阶段：环境管理阶段（20世纪70年代末到80年代后期）。第三个阶段：综合决策阶段（20世纪80年代后期至今）。1987年，联合国世界环境与发展委员会《我们共同的未来》，该书明确指出环境问题产生的根本原因在于人类的发展方式和发展道路上，人类要继续生存和发展的话，就必须改变目前的发展方式，走可持续发展的道路[4]。

5.2 可持续设计的定义及形成

5.2.1 定义

所谓“可持续设计”，就是在生态学的指导下，将设计纳入“人—机—环境”系统，在实现社会价值的同时强调自然价值，促进人与自然的和谐发展[5]。

---

❶ 叶文虎 . 可持续发展引论［M］. 北京：北京高等教育出版社，2001，7–25.
❷ 刘俊哲 . 消费类数码产品可持续设计之应用［D］. 江南大学硕士论文. 2008，3.
❸ 叶文虎 . 可持续发展引论［M］. 北京：北京高等教育出版社，2001，35–47.
❹ 王薇 . 产品设计开发中的可持续策略研究［D］. 硕士学位论文 . 北京：清华大学美术学院，2006.
❺ 曹春晓，刘磊 . 浅析可持续设计思想［J］. 发明与创新，2004（08）：08–09.

5.2.2 概念形成

随着工业化进程的加快，工业革命所带来的高消费对地球环境造成了严重的后果，人们开始提倡保护自然资源，绿化环境，在设计界提倡协调人与自然的设计，保护环境、节约材料能源成为设计中需要考虑重要因素，可持续设计思想便因此应运而生。

可持续设计是为了满足人类生存安全和精神安全的需要，设计建立持久性生产系统，以保证社会、精神、智力的长期安全稳定发展的一种设计理念。它面向未来考虑了子孙万代的生存需要，考虑人的基本需要和产品的基本功能，解决可循环能源和材料的问题。可持续设计类似自然界的生态系统，要求创立新的持久设计技术，包括生态循环的过程，不需要消耗地球上的不可再生的资源，也不产生环境废物。目前这种设计理论已经得到各国的关注，表现在社会生活的各个层面，并得到了一定的发展[1]。

5.3 产品的可持续设计

5.3.1 可持续产品定义

一个可持续的产品是一种在其生命周期尽可能少给予环境影响的产品。在这个简单的定义中生命周期包括原材料，生产过程中的低能耗，使用和最终回收或方便分解。这里还包括产品材料以及用于生产能源使用的材料[2]。

5.3.2 可持续设计在产品设计中的应用

在产品设计的领域中，交通工具的可持续设计发展得相对成熟，并取得了一定的经济和社会效益。汽车制造商包括所有面向产品的企业均从中获益，如原材料生产厂商、产品的制造商、产品用户、产品回收商和废物处理商等。交通工具的可持续设计，主要体现在汽车材料、机构、动力燃料和减少污染方面。BMW 公司曾经宣布一个试验计划[3]，对在美国范围内回收 BMW 车的可行性进行了试验。以 3 个城市为目标，对车主在购买新的或旧的 BMW 汽车时提供 500 美元的银行贷款，让其将来把车送进拆修中心。他们在设计上使用了更多的可回收的部件，希望可以提高车辆的回收率。

5.4 产品可持续设计原则

设计作为规划、创造人类生活环境最基本的活动，在人—社会—环境之间起着重要的协调作用。人类的任何设计决策都会对环境产生不同程度的影响。设计大大提高了人类的生活质量，但物质生活水平的提高是以消耗大量资源为代价的，甚至还可能给环境带来直接的危害。因此，在设计活动中如何平衡人类对更好生活条件的追求与保护环境之间的关系，是当代设计师的一个重要课题。

---

❶蕾切尔·卡逊，著．吕瑞兰，李长生，译．寂静的春天［M］．吉林：吉林人民出版社，1997，45-46.

❷Lennart Y, Ljungberg. Materials selection and design for development of sustainable products Materials and Design 28（2007）.

❸李兴虎．汽车环境保护技术［M］．北京：北京航空航天大学出版社，2004（11）.

可持续设计是21世纪的一种全新设计理念，将环保意识纳入产品设计过程中，主要针对传统设计在资源消耗、生态破坏方面的问题，寻求人与自然的和谐，是实现可持续发展的有效途径之一❶。

5.4.1　选择有机材料

寻找新的有机材料以减少环境资源紧缺。所谓的新材料并不是什么“先进”的新发现的材料，而是早就存在我们身边的那些原始材料。如泥、藤、竹等。我们必须通过自己的努力去寻找那些对环境危害严重的原材料的替代品。例如，木制家具可以用生长期较短的藤、竹等材料来代替，一些橡胶、塑料制品也可寻找诸如纸或其他材料来代替。

塑料是威胁人类环境最重要的生产材料之一，自从诞生以来由于其功能和价格上的优势一时难以取代。但从长远来看，寻找并生产塑料的替代材料是大趋势。据新华网报道，每年电信、移动、联通等公司在广州发行的各类电话卡、上网卡总数大约在10亿张以上，这些由PVC制成的不可降解的塑料卡，给广州带来了大量的“万年垃圾”。据广州市环卫局统计，目前已有“万年垃圾”36万t。为遏制这一次性垃圾惊人的增长速度，一些制卡等部门已从环保的角度开始采取替代措施，新型的环保卡悄然在广州出现，纸制卡有望取代塑料卡。但是由于纸卡自身的材质不硬朗，且不防水火，使用、保存不太方便，所以用纸制卡完全代替PVC卡还需要一段时间，不过从环保与成本出发，适当增加纸制材料厚度，加强质感，提高印刷质量，将来纸制卡完全可以取代PVC材料卡。在广州还出现了完全采用新型可降解材料PET制作的市民卡——羊城通。该卡发行不到一年，就已售出高达50万张，除了能为市民带来出行便利外，其环保材料也让市民欣然接受。

在国外大家也纷纷找寻塑料的替代材料。例如，日本和中国台湾地区研制的“玉米淀粉树脂”，就是以玉米为材料，经过加工塑化，制成多种一次性的用品，像水杯、塑料袋和商品包装等，这种材料可以经过燃烧分解、生化分解和昆虫吃食等方式消解，从而避免塑料生产的白色污染。可口可乐公司在2002年盐湖城冬季奥运会上使用了50万只用这种材料制成的一次性杯子，发现这些杯子在自然界只需要40d就可以消失得无影无踪。

5.4.2　开发新能源

开发新的能源以减少环境污染。任何新的技术都存在着某个方面的局限和弊端，关键是我们如何权衡使用这些材料的利弊。例如，汽车所需的能源问题一直以来都是能源领域的重要课题，几乎每一种新能源都存在着某方面的缺陷，但是随着石油资源的逐渐耗尽，新的能源必然会出现，在世界的范围内，有许多新的能源在交通工具上进行了试验，并有一些已经投入使用。特别是在汽车行业，不少汽车品牌纷纷推出了采用新能源的节能环保车型，节能与环保也成了各个车展不变的主题。汽车采用的新能源主要有四类❷。

1. 生物柴油汽车

柴油车的能源效率高，同样的油耗，柴油车可以比汽油车多跑约30%的里程，而且排放量也随之

❶ DOROTHY Mackenzie. Green Design: Design for the Environment［M］. London: Laurence King, 1997.

❷ 北京娱乐信报．四类主攻节能环保的概念车．中国新闻网.http://www.chinanews.com/, 2007-10-26.

减少。生物柴油是以动物脂肪、餐饮废油和以大豆、煤等植物为原材料制成的，并用粮食甚至作物秸秆生产乙醚，柴油发动机也可以使用生物柴油、生物柴油与普通柴油混合物以及以乙醇为主的混合燃料。这些燃料的排放物为零，环境污染低，是优质的石油和柴油的替代品，替代能源成了环保车思考的又一方向。

2. 混合动力车

混合动力车是电动汽车的一种，采用传统的内燃机和电动机作为动力源，通过混合使用热能和电能两套系统开动汽车，两套系统互补工作。当汽车低速行驶时，依靠电力驱动，燃油消耗量和尾气排放量大大降低。最近在法兰克福汽车展上有一款宝马的新概念车（见图 5–1），这款宝马概念车采用了电池和柴油混合动力系统，车的电池可以在 2.5h 内充满电，电能消耗每英里 28.16kW·h。

图 5–1　宝马概念车（BMW Vision Efficient Dynamics）

3. 纯电动汽车

纯电动汽车以电动机代替燃油机，噪声低、效率高，不再依赖燃料而使污染大为降低。由于使用了单一的电能源，电控系统也比混合电动车大为简化。苹果也设计了一款别具一格的电动汽车（见图 5–2）。从车身上我们可以看到苹果电脑的经典标志，它是由英国考文垂大学汽车设计的一名设计者设计出来的。这款小车拥有可爱的车身外观造型，并借鉴了苹果各电脑产品的一些时尚元素。虽然拥有紧凑的车身，但却可容下三个人乘坐。这款小车是一款全自动化的小车，它可以完全依靠自己来实现行驶和停车。目前，其他车型还没有实现这一功能。该车为一款全电动车型，在其车身尾部有一个电源插口，用来对车身能量的补充。

4. 氢动力与氢燃料电池车

氢属于可再生的清洁能源，用氢作为汽车燃料非常环保，而且氢气的来源非常广泛，在水中就能电解产生，使用后最终生成排放出没有污染的水，是汽车最适宜的新能源。通用汽车公司生产的雪佛兰 Sequel 就是一款氢燃料电池车型（见图 5–3），也是第一款被认可的燃料电池车型。由于采用电驱动，氢燃料电池车的机械设计简化，机械部件占用车厢空间小，设计师们可以将它设计成任何造型。

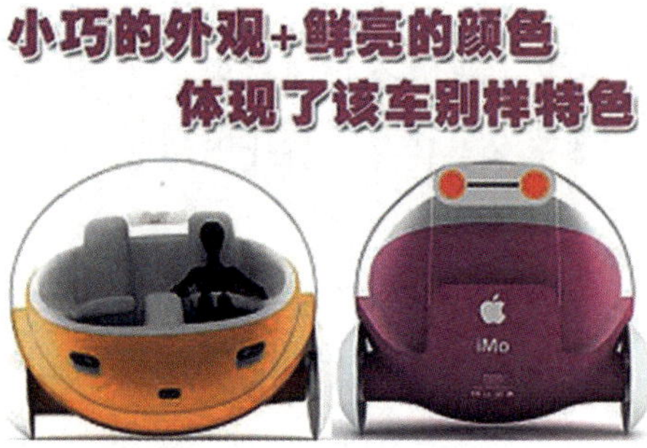

图 5-2　苹果电动汽车

图 5-3　雪佛兰氢燃料电池车

5.4.3　采用新技术

采用新技术以实现对资源的高效利用。技术与设计的发展是息息相关的，工业和技术的发展会对生产及设计产生直接的影响[1]。面对日新月异的科技进步，除了选择有机材料与开发新能源之外，如何合理有效地将高新技术运用到产品设计中以显著提高产品工作效率，实现对资源的高效利用，也是可持续性设计的一种新思路。

上面提到的那款宝马概念车（BMW Vision Efficient Dynamics）也采用了很多的新技术。例如，插入式技术和柴油发动机技术保持同步，设计师把这些新技术有机地融合在一起——一个小小的引擎包括了一个容量为 1.5L 含有 3 个油缸的 163 马力直喷式涡轮增压柴油引擎，两个单轴电动马达，一组锂离子电池，再加上一个软件控制器。这个软件控制器能调制并结合两种动力系统的动力，从而使引擎达到 356 马力和 590 磅英尺（pound-feet）的扭矩力。这些高科技新技术的应用保证了宝马混合动力车最大限度地利用能源。而菲亚特 500 Aria 环保概念车（见图 5-4）将搭载一台 1.3L 16 气门多点喷射柴油发动机，采用了反细微颗粒的 DPF 过滤，排放达到欧 5 标准，与其配合的双自动变速箱采用了新的 stop-start 技术，在城市中行驶将削减 10% 的燃油消耗，同时碳排放达到 98g/km。其他的省油技术包括低动力辅助系统，削减重量的技术以及采用低摩擦的倍耐力轮胎。

“英国再设计展览”上展出的 Titan Washing Machine（巨人洗衣机，见图 5-5）在高效率设计方面表现颇为突出。洗衣机体积不变，但滚筒直径加大，还有独特的活动式洗衣篮，使每次洗衣量最多可增加 40%。尤其是采用了一种新型的节水式“强力喷淋”系统实现洗涤漂洗功能：一个小巧的加热储水器和一台高效率的水泵，将水一次加热后通过有源喷射系统实现反复循环[2]。

以上这些实例都是通过技术再设计，使产品在整个使用生命周期内，尽量减少从外界获取资源，同时减少废物排放，提高资源的使用效率，有效减缓不可再生资源的枯竭速度。

5.4.4　消除设计对环境的污染

应减少或消除设计过程中可能造成的环境污染。在设计程序初期，考虑到设计可能造成的污染而在设计中进行相关安排以避免污染的方法，被称为“去污染”。这是设计师能为可持续发展所做的重要工作。

---

[1] 何人可 . 工业设计史［M］. 北京：北京理工大学出版社，2000.
[2] 李丹，碧林，陶晋，洪华 . 基于可持续性设计思想的产品再设计［J］. 包装工程，2007（01）.

图 5-4　菲亚特 500 Aria 环保概念车

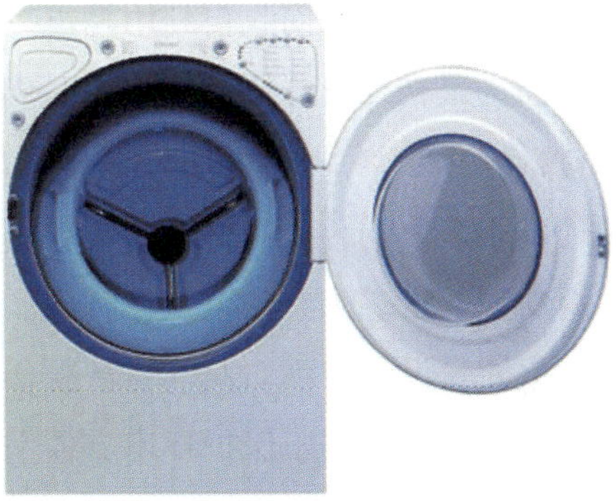

图 5-5　巨人洗衣机

例如，在 2008 年 12 月，南京卷烟厂使用真空镀铝内衬纸和转移内卡纸等易降解包装材料，通过对产品的各项指标对比检验，产品使用新包装材料后达到了工艺要求。依据产品设计的要求，对真空镀铝内衬纸进行表面压花处理。南京造烟厂在精品南京、佳品南京等系列产品也使用真空镀铝内衬纸和转移铝内卡纸等易降解包装材料。这样的做法本身就消除了产品使用后对环境的污染。

5.4.5　减少能耗节约资源

降低产品生产制造、使用、回收过程中能源和资源的消耗，既要考虑经济性，又要有益于环境的良性循环。由于产品设计本身是一个极富创造力的工作，通过设计师的创造性思维，结合对材料工艺的了解减少材料的预算，精确材料的浪费，对材料进行充分有效的利用，避免使用多余的处理设备和劳动力。同时在满足产品预期功能的前提下，不用或者少用加工工艺复杂、生产过程高能耗的材料，做到既节约资源又经济可靠。现在很多的汽车设计中都是通过减轻车体重量来降低油耗从而达到环保和可持续发展的目的。例如，德国 Loremo AG 汽车公司最新推出的概念汽车（见图 5-6）。与传统的环保汽车不同，这款汽车的重量仅为 450kg，这款汽车是通过减轻车体重量来降低油耗和提高燃料利用率从而达到环保的目的。而另一款汽车由于整车采用碳纤维制成，使得其车体重量降至 270kg，也同样是通过轻巧的车身和流线的造型来降低油耗从而达到省油的目的（见图 5-7）。

图 5-6　德国 Loremo AG 汽车

图 5-7　超轻汽车

5.4.6　循环再利用

当一件产品完成使用功能后通常会被人们废弃，仅回收其中的一些绿色材料。而通过对废弃产品进行再设计，赋予它新的功能与形态可实现废弃产品的循环再利用。

在产品生命周期中回收再利用是可持续设计的关键环节，要真正实现这一环节，使重复使用达到最佳的状态，最初在设计概念产生的时候就应综合考虑，使报废后的产品便于回收、便于拆卸，以及对有毒材料的考虑等。

国外的很多公司，在对材料回收利用的研究方面取得了很多的成果，他们在产品设计中充分考虑到零件材料回收工艺和方法以及经济性、可行性，遵循便于拆卸的设计理念，尽可能地利用可回收材料。索尼集团新设计的手动发电的新概念产品“ODO”（见图 5-8）就是在材质方面采用了植物原料塑料或可再生塑料，有利于保护环境。各个模块主要通过天然橡胶材料来黏结在一起，这样可以尽量不使用螺丝，组装和拆解都非常简单，也易于回收再利用。德国的奔驰公司提出了对汽车生命周期回收的概念，即从汽车的设计开始，就注重汽车的可回收性，生产和使用过程中产生的废弃物、废能和废液等全部回收，汽车报废后还能拆解回收，他们的近期目标是包括塑料和废油液在内的整车回收率达到 90% 以上。还有上面所述的菲亚特 500 Aria 环保概念车内部采用了大量可再循环材料，如地板来自废旧的轮胎、座椅软垫采用可循环材料、织物等表面采用有机可降解材料。

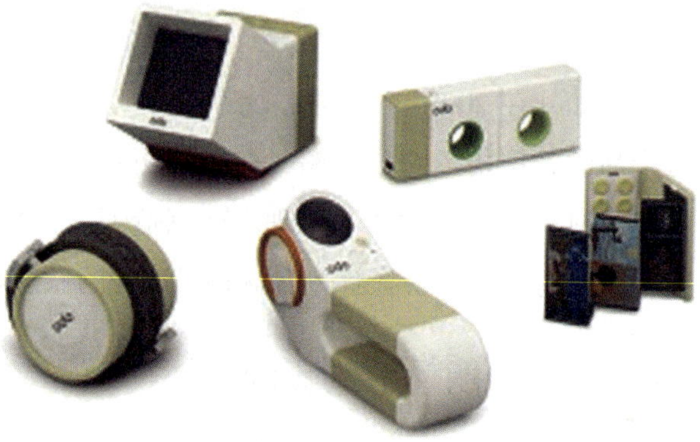

图 5-8　索尼 ODO 系列产品

5.5　小家电产品可持续设计

5.5.1　小家电产品概述

1. 小家电概念

小家电一般是指除了大功率输出的电器以外的家电，因为一般这些小家电都占用比较小的电力资源，或者机身本身也比较小，所以称为小家电。具体来说小家电的“小”是相对于彩电、冰箱等耗电量大、工作原理相对复杂的大家电而言的[1]。

2. 总体特征

小家电的总体特征如下。

（1）小家电产品与大家电产品一样，必须由电能驱动，把电能转化成机械能或热能。

（2）以电驱动，决定小家电产品的设计必须注重电绝缘性和防护性措施。安全性是重要的质量指标，也是小家电产品的人性化设计中最重要和最基本的内容。

（3）小家电的结构，总体而言较简单，但对电器元件的要求高，电器元件的质量必须达到规定的指标。

（4）家电产品“家”字打头，是生活器具类产品，较其他产品更注重产品的欣赏价值，尤其是贴近

[1] 王琦．厨房小家电产品的体验性设计研究［D］．硕士论文．山东：山东大学，2008.

人们日常生活的电器，既要求外观能够美化生活，又要具备减少人们家务劳动和提高生活质量的功能。

（5）小家电的清洁和维护要简单易行，不要由于使用它而增加了不必要的家务劳动。

（6）无论是小家电还是大家电都是耐用性产品。人们对小家电的寿命周期及可靠性期望甚高，一般都期望能使用5～6年。

（7）要求有良好的售后服务，这是人们对电子、电器产品的必然要求。尤其是售后提供安装、保养和维修等方面服务的质量，现在也成为消费者选购家用电器的重要参数，产品人性化的服务可以此为出发点[1]。

3. 种类及其特性

按照小家电的使用功能和使用环境，目前市场上的小家电产品大致可以分为七类。

（1）厨房系列产品，如电饭煲、电烤箱、微波炉、电热水器、排油烟机、消毒碗柜、电煎锅、打蛋机等。

厨房小家电，一般放置于厨房，根据中国人的饮食习惯，厨房是个油烟大且比较潮湿的地方，因此要特别注意防漏电的设计，安全问题特别突出而且重要；其次是清洁的问题；还有就是使用的有效性和合理性[2]。

（2）浴室系列产品，包括电热水器、电吹风、浴灯和干手机等。

卫浴空间是潮湿和较为封闭的，因此卫浴小家电的安全问题也是最重要的。设计应考虑用电的安全，以及控制界面和显示界面等。

（3）居室系列，包括清洁用的吸尘器、电驱蚊器、电熨斗等；以及各类环境系列产品，包括电风扇、除湿机、加湿器、空气净化器、负氧离子发生器、小型电子冷藏箱、电暖器、电热被和远红外线电热炉。

家居型小家电，主要是个人和家庭用于改善调节家居环境和条件，或用于清洁卫生和调节空气状况等。除电风扇、空气清洁器和氧吧会摆设在比较显眼的位置发挥效用外，其他的一般都放置于比较隐蔽的地方，设计上首先都必须考虑操作的安全性和舒适性。前面几种小家电由于所处环境的关系，外观上应多做艺术化的考虑，后者却必须考虑其放置应节省空间、易于收藏和易于清洁。设计时，应适当应用自然的元素，可以让自然之风丰富生活空间，在一定程度上满足人的自然情怀。

（4）小视听系列产品，如收音机、录音机、随身听、摄像机、电子辞典、电子游戏机。视听类的小家电，是个人享受娱乐的产品，要求舒适、小巧且能显示使用者的个性爱好。与其他的小家电相比，个性化要求突出。因此，安全、舒适及体现使用者的个性化的审美情趣，就成为视听类的小家电的设计要点。

（5）保健系列产品，如减肥美容器、足底按摩器、摇摆机和音频电疗器等。保健美容小家电，与人有较为贴近的接触，除安全性外，必须主要从产品对使用者的心理和生理特征的舒适性考虑，女性用的美容保健小家电应表现女性的审美及情感取向。

（6）食品加工系列，豆浆机、榨汁机、咖啡机、搅拌机和饮水机等。食品加工小家电，传统的中国人的厨房中一般不放置这一类产品，这一类产品一般置于餐厅或客厅，随着一体式的厨房大受中国

---

❶ 邓耕生，邓向荣．商品学理论与实务［M］．天津：天津大学出版社，2000.

❷ 谭宁，沈大为，江建民．小家电的人性化设计［J］．江南大学学报（人文社会科学版），2003（6）.

人欢迎，且新生代的中国人倾向生活方式西化，这种产品与厨房小家电的区别就不很明显了。总而言之，这类产品一般没有厨房小家电需要考虑油烟的问题，主要的清洁问题只是使用后容器的清洁问题，外表的清洁比较简单，没有油烟污染引起的烦恼。食品加工小家电一般都放置于比较引人注目的生活空间，美学要求比厨房小家电高。食品加工小家电的美学和使用功能并重，既要提供适合于使用对象的生活方式的实用功能，又要努力提高产品的精神、审美功能。

（7）其他类，如灯具、智能开关、报警器、可视对讲机、家用调压器和电子玩具等。

5.5.2 小家电产品设计现状及发展趋势

1. 小家电产品可持续设计现状

在欧、美、日、韩等发达国家和地区，小家电已经非常普遍并且已经成为人们日常生活的必需品。在我国，随着人们经济水平的提高，对生活要求也随之提高，小家电也将快速进入消费者家庭。在大家电市场日趋饱和、受人民币升值以及经济发展带来的财富增长、国家鼓励消费政策的出台等环境下，业内人士指出，今后两年仍将是我国小家电发展的黄金时期，每年需求量增幅在 30% 以上。相对于大家电的利润微薄和竞争激烈，小家电较高利润率、较低品牌集中度等优势吸引了众多大家电商纷纷涉足掘金。近年，海尔、TCL、格力、科龙、荣事达和九阳等国内家电巨头都纷纷加快在小家电领域拓展的步伐。同样，外资家电巨头也纷纷“抢食”这块“蛋糕”，因此在未来两年小家电有形成“供大于求”的可能。

目前在中国的 2000 多家小家电企业中，规模参差不齐，小到百来人，大到上万人的企业。其中中资私人企业所占比例接近 70%，占绝对比例，外资企业所占比例有所上升为 21.4%，其余为合资企业（见图 5-9）。从产业布局来看，我国小家电生产企业主要集中在广东、江浙一带。其中广东小家电生产企业占到整体 63%，浙江占 15%，江苏占 6.6%，福建占 8.4%，其他各地占 7%（见图 5-10）。

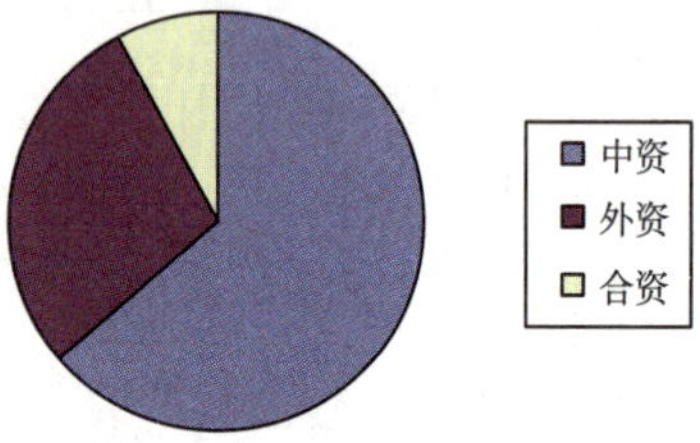

图 5-9 我国小家电企业性质

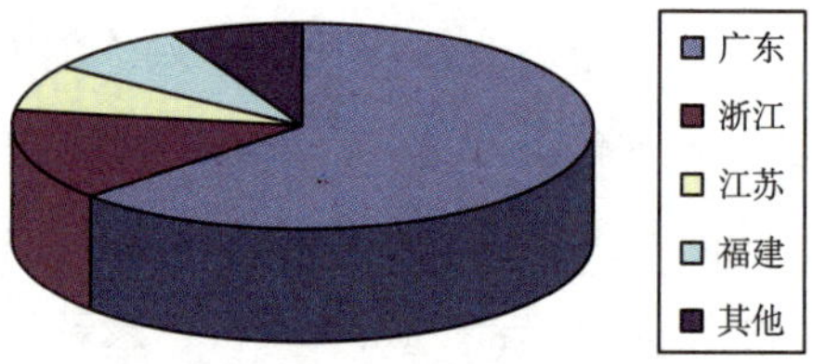

图 5-10 我国小家电生产企业分布图

（1）国外小家电产品可持续设计现状。在国外，可持续设计的思想已经深入人心，也被广泛地应用于小家电产品的设计中，主要是外形设计简约、在产品材料的选用上尽量采用绿色材料和关注设计的回收再利用。

鲁迪·普沃斯特（飞利浦公司 CEO）称飞利浦的小家电设计是“精于心，简于形”（见图 5-11），简单化的设计事实上为产品的创新提出了更高的要求。目前，飞利浦正在实施多个设计研究项目，希望借此将“精于心，简于形”的概念完全注入到全新的设计理念当中。大部分人对日常生活中所遇到的复杂产品都不会留有深刻印象，这再次表明，只有以设计为主导，才能开发出人们真正需要的和确实能够提高人们生活质量的产品[1]。

---

[1] 飞利浦官网，http://www.philips.com.cn.

（a）　　（b）　　（c）

图 5-11　飞利浦小家电

（a）飞利浦音效、RM 直播、色差分层电视输出；（b）飞利浦音响；（c）飞利浦榨汁机

松下是日本国内最早推出产品工业设计的厂家[1]。松下的小家电设计特色与索尼讲究的“机能美”如出一辙。相机的设计以简约为主，又不失轻浮。松下的笔记本电脑设计是很经典的，其主要的设计 A 面可以缓冲外力。松下的电吹风设计（见图 5-12）和手机雅俗共赏。即使是包装盒的设计都颇费工夫，在很多细节，包括一个细分的产品标志上，松下也都兢兢业业，毫不含糊。还有，松下最新发布的松下 DMC—GH1 单反数码相机（见图 5-13），是世界最小的可换镜头，且支持 AVCHD 的数码非单反相机，其产品的零部件可以分离，采用了模块化的设计方法。

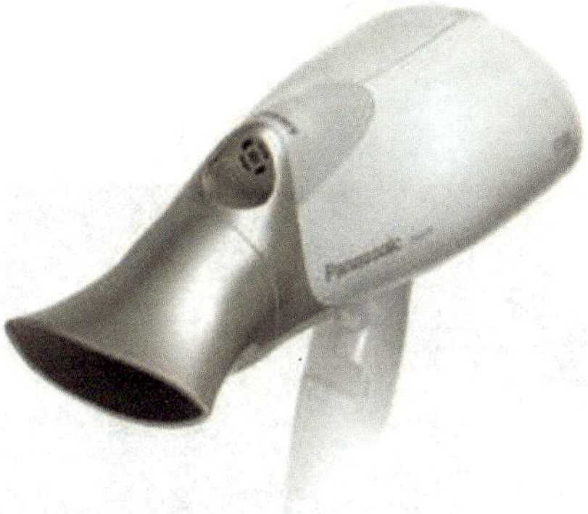

图 5-12　松下电吹风

另一家国外家电巨头西门子集团也十分关注产品的可持续设计。西门子家电集团自创立以来一直以技术创新、绿色节能和人性化设计为宗旨，致力于为消费者提供高品质家电产品，而这些恰恰是可持续设计要关注的几个方面[2]。如图 5-14 所示的西门子电磁灶在设计中，通过面板预热提示、延时关机、儿童锁防护和遗忘关机功能，给人以更多的人性化关怀[3]。

在欧洲还制定了专门的《废旧电子回收法》，以要求电子产品的回收再利用率保持在 90% 以上。荷兰法律也规定了减少材料使用，延长产品使用周期，预防废旧电子产品的产生。这些相关的规章制度的建立，都使得国外的小家电产品在整个设计过程中都必须关注产品的可持续回收再利用。

（2）国内小家电产品可持续设计现状。国内小家电产品与国外产品的差距主要体现在以下几个方面。

1）技术。关键技术的缺乏致使关键零配件依赖进口，制约了自身发展。

2）品种。创新意识和创新能力的不足，人性化、个性化的设计欠缺。

3）规模。除微波炉等个别行业外，多数行业集中度较低，产品较单一。

4）品牌。市场推广投入不足，品牌知名度较低。

---

[1] 松下官网，http://panasonic.cn.

[2] 博西贾滨，西门子是一种生活方式和态度，中国家电网 2009-9-7，http://www.cheaa.com/News/QiYe/2009-9/72445.html.

[3] 西门子主页，http://www.siemens-ha.com.cn/index.php.

图 5-13　松下 DMC—GH1 单反数码相机

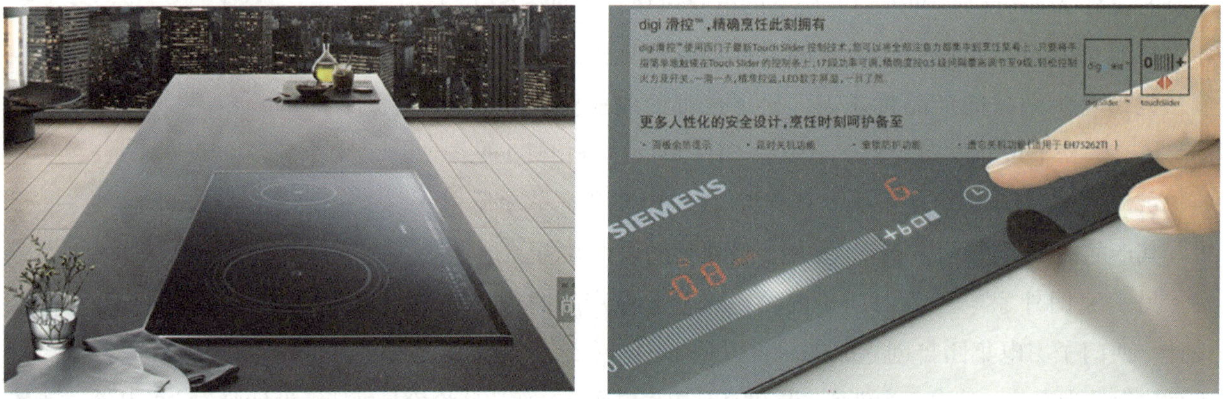

图 5-14　西门子电磁炉

我国内地规模较大的企业以海尔（见图 5-15）、方太、格兰仕（见图 5-16）、美的（见图 5-17、图 5-18）为代表[1]。历经 20 世纪 80 ~ 90 年代养精蓄锐，这些企业目前无论在生产还是研发方面均发展成熟。这些企业已经成功地在国内建立了自己的品牌并融入国内的市场，占据优势，有些企业甚至在国际市场中也占有一席之地。因此，他们在产品设计中可以投入大量的财力和精力，在设计中关注可持续设计的理念，将产品造型简约化，功能结构合理化，产品材料绿色化，产品还能回收再利用。他们不断改进自己的小家电产品设计，与接轨国际，以适应国际小家电的可持续设计的方向。

我国的另一些小家电企业，如灿坤（见图 5-19）、大统（见图 5-20）等，这些企业都是以香港、台湾为主的 OEM（代工生产）制造商。这些厂商可以说是 100% 的 OEM 企业，没有建立自己的品牌。这些企业的小家电产品就没有自己的特色，完全是 OEM 产品，但是企业偶尔也会关注产品的创新，等待时机成熟，也会在 OEM 产品的基础上开发自己的产品，争取有自己的创新产品和品牌。

❶ 李广通 . 小家电产业发展研究分析［D］. 硕士论文 . 厦门：厦门大学，2008.

图 5-15　海尔小家电

图 5-16　格兰仕微波炉

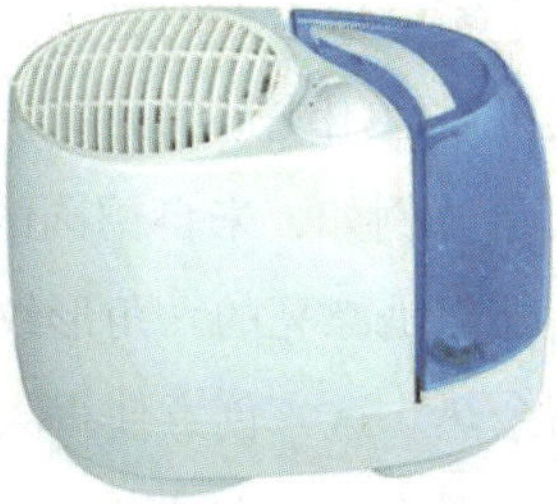

图 5-17　美的加湿器

图 5-18　美的吸尘器

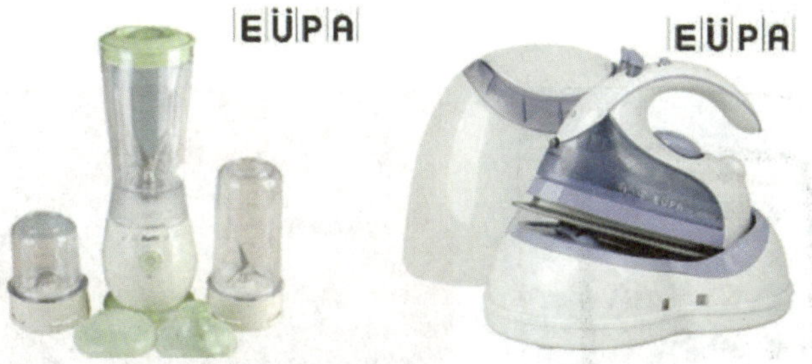

图 5-19　灿坤小家电

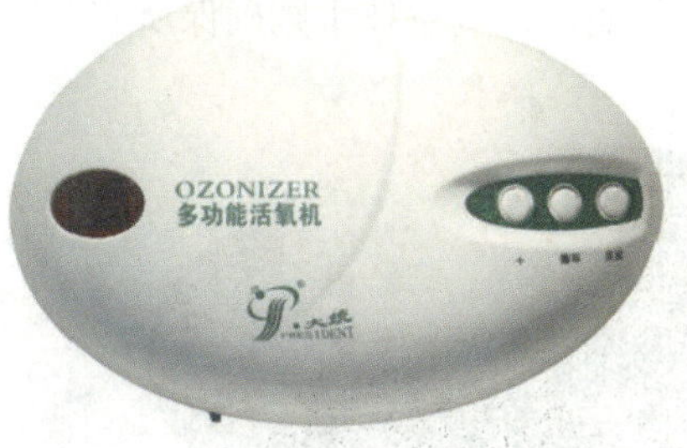

图 5-20　大统小家电

我国的小家电企业中主要还是中、小型制造商。之所以称之为制造商，是因为这些在 20 世纪 90 年代末到 21 世纪初才开始发展的企业，没有自己的研发、品牌，这些企业是通过与进口商合作或通过其他同类生产企业的转包等方式来获取订单生产。这些制造商目前以宁波一带的小家电制造商为代表，如卓力、凯波和华裕等。这些企业完全照搬照抄，没有自己的产品，因此要让这些企业在设计中关注创新设计的问题也就无从谈起，更不用说设计出可持续的产品。总体上说，这些企业设计的产品具有以下一些问题。

a. 产品生产技术老化，产品使用寿命短且产品使用不节能。

b. 产品的款式老，造型笨重，几乎无设计可言。

c. 产品结构简单，不可拆卸，没有通用的零部件，成本高。

d. 产品采用的材料是普通塑料以及金属合金，不是环保绿色材料。

e. 产品设计中没有注意包装设计的方面，所耗费的包装材料较多，造成了材料的浪费。

从以上这些可以看出国内大部分的小家电企业生产的小家电产品设计是不可持续的。

2. 小家电产品设计趋势

精巧时尚的小家电日渐成为人们提高生活品质的一个象征。我国家电市场调查数据显示，近几年小家电市场每年以 10% ~ 14% 的增长速度快速发展。随着我国城镇居民收入增加和生活品位的提升，小家电发展只要抓住机遇，借助适宜的营销手段，激活这个潜在市场，前景将十分可观。专家预测，在大家电市场日趋饱和、受人民币升值以及经济发展带来的财富增长、国家鼓励消费政策的出台等环境下，我国家电市场下一步就是个性家电的春天，其中数千亿的市场空间被众多经济人士看成是我国家电行业的“最后一桶金”[1]。

未来的小家电应该充分体现“智能、安全、功能实用、节能和环保”的优势，既能给人们带来充分地享受，又易于人们自由操控，让人们轻松自如地使用[2]。

（1）智能。智能是未来的小家电的一个重要特点。智能化的小家电带给人们更多便捷。小家电的使用与设计可以更多地运用高新技术，发展“智能”功能，尤其可以运用先进的计算机技术，促使人们在使用过程中，更多地开发自己的思维，同时也更好地放松自己。例如，来自德国的 Christian Jung 的产品创意为 Hotpod 感应加热盒（见图 5-21），形状酷似鸡蛋，外部是漂亮的六角形纹饰，它结合蒸汽和感应加热技术，在加热的同时确保盒子表面不会感觉到任何余热。这一创意使得人们可以一同用餐，增进交流。又如，来自美国的 Jonathan Assaraf 设计出一款自动调料机（见图 5-22），它可根据系统中存储的配方或用户自定义配方，帮助消费者决定并调配出适当的调料。再如，新加坡设计师 Brian Law Chuan Chai 发明新的烹饪方式（见图 5-23），通过红外线与真空技术进行无油烹饪，红外线产生高辐射能量，真空技术则确保所有美味都留在食物中[3]。

图 5-21　感应加热盒

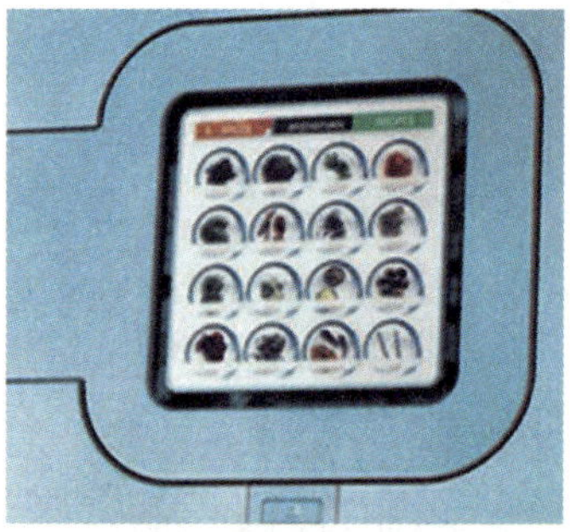

图 5-22　自动调料机

图 5-23　红外线炉

（2）安全。安全是未来小家电的另一个特点，也是人们关注使用小家电的一个重要方面。自动感应技术将在未来小家电中得到更广泛的应用，不但可以给人们带来方便，还能保证人们的生命和财产安全。例如，未来的锁就是精确声控的（见图 5-24），或是靠指纹识别开门，这样就再也不用担心出门时忘带钥匙了，也不用担心因丢了钥匙而带来财产损失。

（3）功能实用。功能实用和款式新颖正逐渐成为小家电产品明显的发展趋势，也是未来小家电发展的一个重要特点。在未来的智能化生活中，厨房用品将不再局限于锅碗瓢盆之中，一些新的概念化

[1] 肖军．未来小家电发展的特点和趋势［J］．电子技术，2007（7-8）．
[2] 刘忠光．2009 年小家电的春天［J］．生意通，2009（8）．
[3] 未来厨房的七种“新武器”，http://www.ouhai.gov.cn，2007-12-06《时尚家居》．

的功能形厨房小家电将越来越多地融入人们的生活。例如，中国设计师杨奕蓉设计的健康零食机（见图 5-25），集清洗、剁碎、烘烤、调味和压模多项功能于一身，可将新鲜水果和蔬菜制成即食饼干，其零食的配方与形状也可个性化设计。又如，泰国设计师 Teeravit Hanharutaivan 设计的长出新鲜蔬菜的冰箱（见图 5-26），采用紫外线和水培方式的原理，可在短时间内种出新鲜蔬菜，冰箱的尺寸与单门冰箱尺寸相同，可以容纳 40 株植物，为全年供应蔬菜。

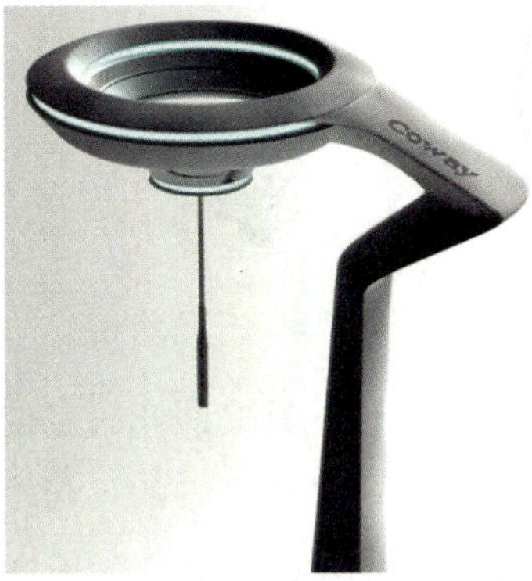

图 5-24　声控锁

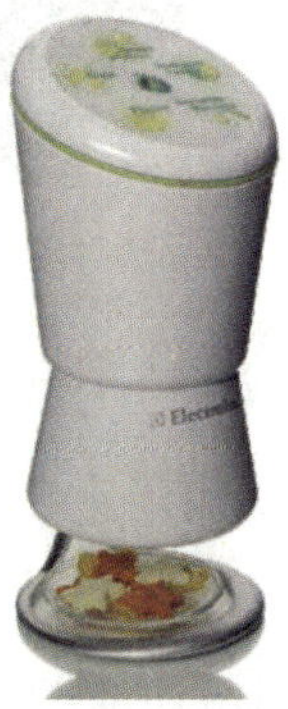
图 5-25　零食机

图 5-26　未来冰箱

（4）节能。节能也是未来小家电必不可少的特点，既能减少家庭开支，又能与国际大环境的可持续发展相协调。例如，电热水器的节能问题就尤为广大消费者和生产企业所重视，其中电热水器是否为节能产品，取决于该产品是否通过了中标认证中心（CSC）的中国节能产品认证。现在越来越多的电热水器生产企业纷纷打电话到产品认证中心咨询节能认证事宜，而消费者也在选购电热水器产品时越来越关注是否省电和省水，这表明，节能将成为电热水器行业今后技术革新的重点。2009 年以来，我国用电形势依然严峻，许多城市已经采取了错峰用电措施，因此不难看出，在今天和未来节能型如太阳能小家电产品（见图 5-27）仍将畅销于市场。

（5）环保是永恒的主题。人们购买小家电的目的是为了让生活过得更加舒适，若有可能危害到人们的身心健康，那么只有放弃。进入 21 世纪，随着人类对环境生态保护的日益重视，绿色环保将成为小家电乃至整个家用电器产品立足市场的基本要求，绿色环保还涉及家用电器产品包装，“绿色包装”也成为当前产品包装的发展趋势，并已逐步付诸实施。随着绿色环保逐渐成为家庭生活的主旋律，人们在购买小家电时，优先挑选具有健康标志的产品。据了解，目前绿色家电的类型主要集中在资源节约型、低噪声型、减少废物型和低毒安全型产品方面，只有获得中国环境标志产品认证的才能称得上是真正的“绿色环保”。小家电在使用过程中，不应该给家庭带来更多诸如噪声、辐射等有害健康的不利因素，在报废回收时，不能污染环境（见图 5-28）。

5.5.3　小家电产品可持续设计原则

通过上述对小家电产品的设计现状以及小家电产品设计趋势的分析，小家电产品可持续设计的原则有下面 5 个方面的内容。

1. 功能适用化

产品设计的模块化是现代产品设计可持续设计的一个主要方面，对小家电产品而言主要就是功能的模块化和结构的模块化。

图 5-27　未来太阳能小家电

图 5-28　未来风扇

产品的功能是产品满足人需求的特性，是产品的核心概念。功能设计就是按照产品定位的主要功能要求，在对用户需求及现有产品进行功能分析的基础上，对所定位的产品应具备的目标功能系统进行系统策划和构建的创造活动[1]。从使用功能的角度出发，设计必须摒弃商业设计中的无意义功能的堆砌，避免功能设计过剩并强迫使用者接受和让人无所适从的不良倾向。功能设计要遵从实用性原则，以用户的最大需求为限度。将诸多附加功能定制成功能模块，用户根据需要定制功能，通过增加一个单独的模块化的功能可以实现产品的新增功能，这种因人而异的定制体现了对人的尊重[2]。

对于小家电产品而言，功能设计是产品达到可持续设计的主要方面。各种用途的小家电作为实用性的产品，要发挥其生活“助手”的作用，首先要具备完善和合理的功能，通过优良的功能设计带给使用者美好的操作体验[3]。一直以来，小家电产品都在不断向精品、高端方向发展，但如果仔细研究就会发现，企业所谓的精品其实大都变成了多功能的代名词。而产品在增加了诸多附加功能后，价格便随之扶摇直上，所谓的高端产品，其实只是价格上的高端，并没有给消费者带来真正的方便实惠，这也不能称之为可持续发展的产品。对于日常生活中使用频繁且种类繁多的小家电产品来说，适合实用的功能才是最重要，才是产品可持续发展的一个方面。前几年功能全面的小家电卖得好，如今人们在选用小家电产品时会考虑功能的适用性，功能适用的小家电产品更走俏，成为了市场的热销品。

随着生活水平的提高，人们对家电产品的每项功能都会有更高的要求，如要求电饭煲焖出的米饭更加可口、焖烧锅炖出的排骨更加酥烂。这都需要企业在产品的主要功能方面下更多的工夫，做得更精、更到位，而其他的附属功能应具有辅助和增强的作用，通过这样的协调来达到功能适用化。例如，格兰仕推出了专门煮糙米的“芽王煲”（见图 5-29），九阳的五谷豆浆机（见图 5-30），美的的果蔬净化机（见图 5-31），这些小家电都是以一个主要功能为卖点的产品，适用的功能不仅使产品节约了成本，还省去了不必要的结构和材料，达到了可持续的要求。

2. 造型简洁化

外形设计是一种综合性表达。整体性的外形给人的第一印象是简洁，是结构和功能构成的有机体。

[1] 陈圻 . 功能设计——价值工程创新的生长点［J］. 价值工程，1998（2）：18-20.
[2] 张玲玉，等 . 现代产品的功能设计［J］. 包装工程，2007（07）：136-139.
[3] 王琦 . 小家电产品的体验性设计研究［J］. 艺术探索，2008（2）.

这样的外形会给人带来曲直匀称、精确、平衡和合乎美学的视觉舒适性。通过设计语言，对产品内在功能进行表达，使人、产品、环境相互协调，也使产品与人更加亲近❶。

图 5-29　芽王煲

图 5-30　豆浆机

图 5-31　果蔬净化机

小家电是调剂生活情趣、提升生活品位的良好工具，因此，首先要满足使用者的视觉需求，外观设计应力求时尚精美。有关市场调查显示，消费者选择小家电产品的因素，除了实用性之外，考虑最多的就是外观、颜色等形象元素，而这一点深刻地体现在诸如电风扇、吸尘器、电暖器、加湿器、空气清新器和饮水机等家居小家电上，因此小家电产品造型的可持续设计的准则就是简约设计。所谓简约主义就是将小家电产品的造型简化到极致，在设计时不是特别注重美学的表现和狭义的设计语言，强调减少无谓的材料消耗，设计中体现“小就是美”、“少就是多”的含义❷。归纳起来有以下 3 条基本原则：

（1）形式的极端简化。如使用基本形状、单原色，讲究客观性而不刻意追求风格。

（2）在设计创作中使用最少的基本成分和要素。

（3）简化设计内容，除去干扰主体的不必要的东西。

这 3 条基本原则的核心是小家电产品造型设计的“恰如其分”，具体地说就是在考虑设计功能合理性的前提下强调构图的完美和精炼，其他因素放在次要位置考虑，在精炼和功能上寻找一个平衡点，把构图和功能同时演绎得不可或缺（见图 5-32 和图 5-33）。

图 5-32　WinePod 私人专属酿酒师

图 5-33　吸尘器

❶陈钦，李伟新．小家电设计断想［J］．美术学报，1995（16）：5-6.

❷张志华，吴国荣．论绿色产品设计的理念与准则［J］．包装工程，Vol.25 No. 5，2004:108-119.

3. 结构模块化

产品是具有起源和归宿的物质实体。产品源于环境，又归于环境，今天的产品将是明天的废弃物❶。因此，设计师在设计产品的结构时，必须认真考虑。产品结构设计中可持续设计的主要目标是采用尽可能合理和优化的结构，以减少资源的消耗和浪费，从而减少对环境的影响。结构优化设计主要可以从标准化、模块化设计、可拆卸性设计等方面考虑❷。小家电产品更要充分考虑产品结构上的可持续设计理念。例如，电脑为我们的工作和生活带来了极大的方便，但电脑的生命周期极短，据统计，每天售出3台电脑的同时就有2台旧电脑报废，这就意味着回收电脑的速度与制造电脑的速度一样快。那么，设计电脑时就必须充分考虑部件的重复使用，以节省资源。对小家电产品而言，其产品结构设计应采用面向可拆卸的设计准则，即在产品设计时，不仅要关注零部件的可装配性，而且也要考虑产品的可拆卸性，该设计准则目前已在计算机（见图5-34）、剃须刀（见图5-35）、电扇、加湿器和除湿机等产品中得到应用。

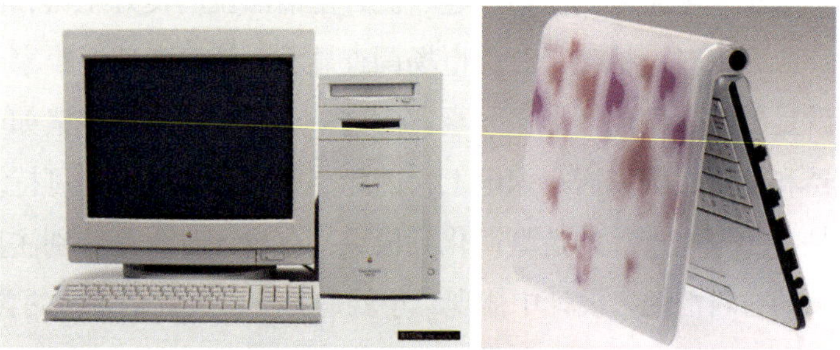

图5-34 计算机

面向可拆卸的设计原则如下❸：

（1）减少拆卸工作量。明确应该被拆卸的零部件，功能集成，便于拆卸。

（2）预测产品构造。避免相互影响的材料组合，避免零部件的污损。

（3）拆卸方便。易于接近排放口，选择适当的紧固方法，减少固定元件的数目，简化拆卸操作的运动方式，提供易抓取的拆卸件表面，拆卸的安全。

（4）易于分离。避免附加其他材料的辅助操作，便于分类，对不同的材料应便于识别。

（5）减少零部件的多样性。零部件应采用标准化设计。

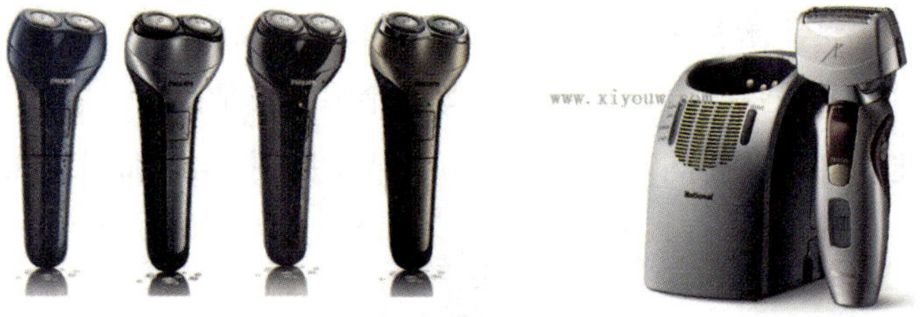

图5-35 剃须刀

此外，在小家电产品的结构设计时要注意在满足产品功能要求的前提下，简化产品结构，尽量避免设计可有可无的零部件，采用功能多样化和复合化的零部件以及简单的连接方法，使整体装置的零部件数减少，合理布置构件，使产品的结构紧凑，外廓尺寸减小，这些都能大大减少产品的材料消耗。

4. 材料无害化

材料选择是产品设计过程中最早和最重要的阶段之一，其可持续发展特性对产品的可持续性性能具有极为重要的影响。适于可持续产品的材料不仅应满足产品的基本性能要求，还应有利于保护生态环境❹。也就是说要使用绿色材料，绿色材料GM（Green Material）又称为环境协调材料EeM

❶何人可．绿色设计［J］．设计在线/设计视角，2001（8）．
❷马祖军．绿色设计的主要内容和方法的研究［D］．硕士学位论文．重庆：重庆大学，1999.
❸杨明朗，蔡克中．工业设计的未来之路——绿色设计［J］．包装工程，2001，22（3）．
❹何祖顺．产品绿色设计理论及应用研究［D］．硕士学位论文．昆明：昆明理工大学，2006.

（Environmental eonscious Materials）或生态材料（Ecomaterials），是指那些具有良好使用性或功能，并对资源和能源消耗少，对生态环境污染少，有利于人类健康，再生利用率高或可降解循环利用，在制备、使用、废弃直至再生循环的整个过程，都与环境协调共生的一大类材料。绿色材料的主要概念包括材料本身的先进性（优质的、生产能耗低的材料）、生产过程的安全性（低噪声和无污染）、材料使用的合理性（节省的和可回收的）以及符合现代工学的要求等[1]。

材料及其加工过程是造成能源短缺、资源过度消耗及环境污染的根源之一。当今小家电产品的材质趋势为：①产品外壳以塑料为主，表面加以涂饰，如仿石纹、木纹质感；②塑料搭配半透明塑料或者是塑料搭配金属。因此，对于小家电产品的可持续设计而言，材料选择除考虑常规的因素外，寻找相关的替代材料是小家电在材料应用上可持续设计的一个方面，可以选用竹和藤等材料来代替传统的塑料材质。例如，由日本 Doshisha 和松下（Panasonic）共同设计的扬声器，用竹纤维作为扬声器的震动板，同样可以提供高质量的音效，同时还可以明显降低成本。松下在 2007 年推出了这个产品（见图 5-36）。

图 5-36　以竹纤维作为扬声器

此外，还必须考虑材料的环境属性、回收处理性能和稀缺性等若干因素，这就要求在选择相关的塑料和金属材质的时候，应优先选择那些无污染、易回收、可重用和易降解的绿色塑料材料。其中，回收约束要求不可将有害和无害材料混合使用，同时这些小家电产品所包含的材料种类数应最少，且具有良好的相容性，并且满足法律法规的要求（WEEE 和 RoHS 指令等）[2]。例如，由 John Greg Ball、Shoko Cesar 和 Darryl Barton 共同设计的胆固醇灯（见图 5-37），是一个废旧物再利用设计的经典范例，这个灯的灯罩用盛放鸡蛋的透明塑料架一层层叠加起来，光线通过不断的反射折射，得到一种很丰富的效果。废弃产品再设计是以另一种形式延长了产品的使用寿命，充分利用资源，体现了可持续设计思想，同时也为人们的生活带来更多的创意与惊喜。

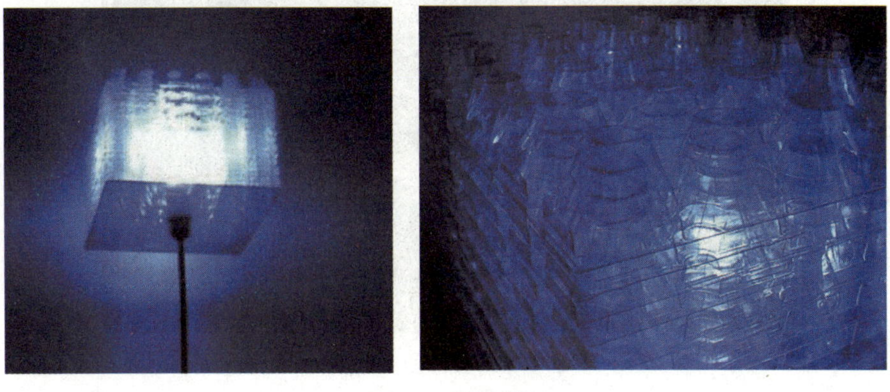

图 5-37　胆固醇灯

[1] 刘飞，曹华军．绿色制造的理论体系框架［J］．中国机械工程，2000，11（9）．

[2] 戚赟徽，等．家电产品绿色设计工具［J］．家电科技，2005（9）．

5. 节能化

节能设计是小家电发展的必然，也是小家电可持续设计的一个重要方面。已经有越来越多的人在关注电器的使用所消耗的资源及其给环境带来的负担，因此在小家电的设计阶段，对其使用造成的能源消耗问题应给予足够的重视。家电使用阶段的节能设计也应注意根据产品耗能特点进行有针对性的设计。例如，科龙研究的节能 BCD—209 冰箱，每个家庭每天可省电 0.87kW · h；若将国内现有的 1.3 亿台冰箱，全部换成科龙“节能明星”冰箱，则每年可节电 412 亿 kW · h，两年的节电量即接近三峡水电站全部工程竣工后全年的发电量。有专家认为，虽然人们无法回到没有家电的时代，但消费者却可以要求所使用的家电，对自己的健康不会有危险或低危险，对居住的环境不会造成污染或低污染。绿色家电的兴起，其实是人类对以往家电文明的反省❶。

不同于大家电产品，小家电产品节能设计重要途径是高科技、微电脑、智能化❷。要避开供电矛盾，又要发展小家电产品，只有实行家用电器微电脑智能化。智能化的控制将带给小家电产品高效节能的效果，从而大大降低电耗，进一步达到可持续设计的目的。通过智能化设计将多个小家电产品有机地结合在一起，不但减少了不必要的产品，节约了材料和能源，还使人们的生活由于有这样的智能小家电而变得越来越方便简洁。让人感觉变化最明显的就是小家电越来越“聪明”了，能够把人们从烦琐的家务中解脱出来，充分享受生活给我们带来的乐趣。例如，除湿器，不仅可除湿、除尘、除异味还带有干衣功能，一机多用，可减少消费者使用其他专用电器的几率，相对来说也是为环保节能作出了贡献。又如，全能型微波炉具有蒸、煮、煎、炒和烤等功能，只要是厨房里的菜肴都可以做出来，颠覆了传统菜肴一定要用燃气烧的观念，节约了能源。再如，电磁炉现在几乎能做所有燃气灶做的事情，火锅、蒸煮炖、烧烤、煮饭、煲汤样样精通，其先进的智能操作是燃气灶所不能比拟的，更重要的是电磁炉易清洁、节能环保和安全性高（见图 5-38）。

图 5-38　全自动电磁灶图

❶ 肖艳 . 未来家电设计的“畅想曲”［J］. CAD/CAM 与制造业信息化，2007（7）.

❷ 王振明 . 小家电产品开发的新途径［J］. 中国科技信息，1990（10）.

除此之外的环保智能产品还有，如2002年“英国再设计展览”展出的Tsola Light环保智能夜灯（见图5-39）和Doulex小夜灯（见图5-40）等。Tsola Light环保智能夜灯没有碍手碍脚的电线，将收集在内置的太阳能电池中的日光能源转化为电能，点亮使用寿命很长的固态灯泡。环保智能夜灯能在黄昏时自动开启，到天亮时再自动关掉。这种灯安装好之后便没有能源成本可言。由于不需要电线或有触电危险的交流电源，而且外罩是钢化玻璃，环保智能灯可以安装在人行道、公共广场和绵延数里的乡村小路上。而当房间光线变暗的时候Doulex小夜灯会自动发出柔和的光线，而当光线变亮的时候，小夜灯会自动关闭，不仅为夜间行动提供了一定方便，同时又不影响正常的休息。这款小夜灯采用温馨智能的高科技光控开关和当今最流行的LED技术，可以根据环境光线的明暗自动开关，10年耗电量仅1kW·h，是节能的标兵。

图5-39　环保智能夜灯

图5-40　小夜灯

第6章
Chapter6

产品创新设计实例

6.1 热水器流行趋势分析

6.1.1 阿里斯顿的企业形象

阿里斯顿是一家欧洲企业，在全球16个国家建立了21个高度自动化的制造基地，5个技术研发中心，每年热水器和供暖产品销量达600万台，阿里斯顿热水器在欧洲市场占有率位居第一，燃气壁挂式取暖炉欧洲市场占有率列第二位。年营业额超过10亿欧元。

阿里斯顿于1930年诞生于意大利，在20世纪90年代进入中国市场，并在无锡建立生产基地。2002年在中国建立研发中心，其产品多次在中国市场占有率排名第一。

阿里斯顿公司现使用标志（见图6–1）标准色为红色，辅助色为橙色和灰色（见图6–2）。

图6–1 阿里斯顿公司现有标志及字体

图6–2 阿里斯顿标志辅助色

目前，阿里斯顿的企业形象已经非常稳定，在产品包装、企业网站等视觉形象中给人以稳定和强大的视觉冲击。

6.1.2 产品文化内涵研究

阿里斯顿在世界范围的高市场占有率，帮助其确认了价值观念输出者的理念定位。在具体定位时，首先，应要充分考虑消费者的需求，消费群体越清晰，产品的定位就能够越准确；其次，每个系列产品的定位都要独具特色，在符合产品理念易识别的前提下，通过造型的改变满足各类人群的需要（见图6–3）。

阿里斯顿的产品具有健康、宜人的特性。阿里斯顿企业责任感强，对使用者负责，在这样的理念指导下，阿里斯顿的产品不仅质量好，而且安全有保障。在设计中，应要把这种产品文化内涵体现在产品的造型和外观中（见图 6–4）。

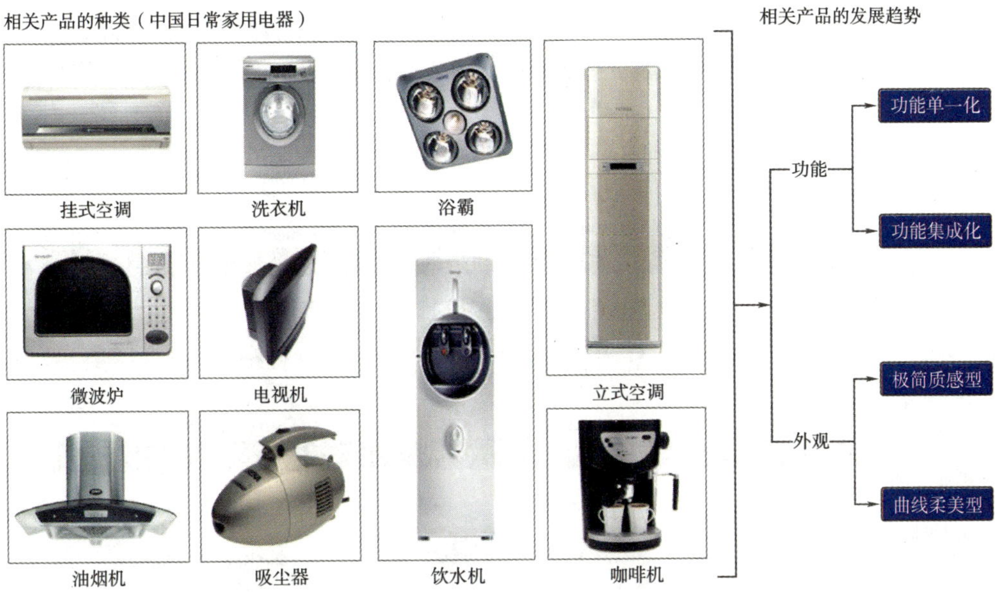

图 6–3　消费者喜好倾向

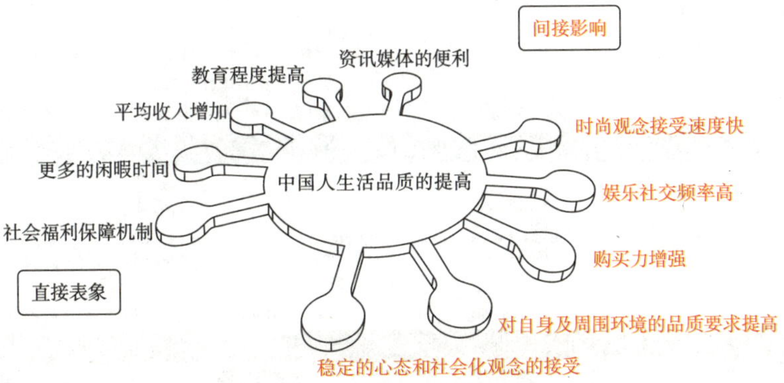

图 6–4　消费观的变化

6.1.3　市场调查

1. 调查研究竞争对手

国内市场上热水器的品牌很多，包括海尔、A.O. 史密斯、西门子、博世、诺克斯、比利奇、帅康、比德司、万和等。

2. 竞争对手产品形象特点分析

通过对各品牌产品外观、系列、控制方式、控制面板所在位置、logo 位置等形象特点进行比较分析，以尽可能地了解在进行具体形象设计时应该注意的地方。

在进行比较分析之后，总结各品牌产品形象特点及不足，以利在设计中准确定位（见图 6–5）。

6.1.4　竞争对手对比分析

在仔细研究过竞争对手之后，重点与阿里斯顿自身特点进行对比（见图 6–6），制定产品形象的发展方向。由于理念识别定位于价值观念输出者，因此应尽量避免与竞争对手撞车，要充分发挥自身特点。

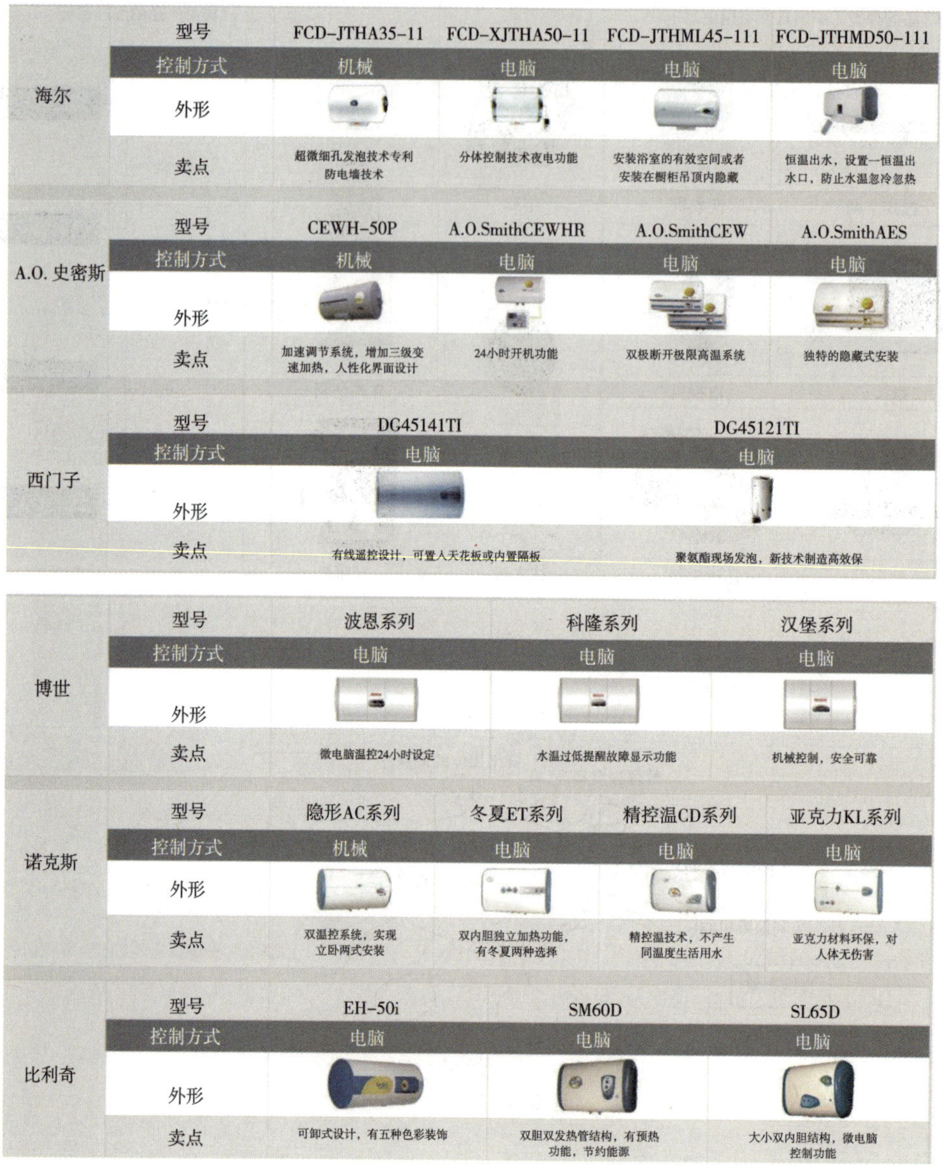

海尔				
型号	FCD-JTHA35-11	FCD-XJTHA50-11	FCD-JTHML45-111	FCD-JTHMD50-111
控制方式	机械	电脑	电脑	电脑
外形				
卖点	超微细孔发泡技术专利防电墙技术	分体控制技术夜电功能	安装浴室的有效空间或者安装在橱柜吊顶内隐藏	恒温出水，设置一恒温出水口，防止水温忽冷忽热

A.O. 史密斯				
型号	CEWH-50P	A.O.SmithCEWHR	A.O.SmithCEW	A.O.SmithAES
控制方式	机械	电脑	电脑	电脑
外形				
卖点	加速调节系统，增加三级变速加热，人性化界面设计	24小时开机功能	双极断开极限高温系统	独特的隐藏式安装

西门子		
型号	DG45141TI	DG45121TI
控制方式	电脑	电脑
外形		
卖点	有线遥控设计，可置入天花板或内置隔板	聚氨酯现场发泡，新技术制造高效保

博世			
型号	波恩系列	科隆系列	汉堡系列
控制方式	电脑	电脑	电脑
外形			
卖点	微电脑温控24小时设定	水温过低提醒故障显示功能	机械控制，安全可靠

诺克斯				
型号	隐形AC系列	冬夏ET系列	精控温CD系列	亚克力KL系列
控制方式	机械	电脑	电脑	电脑
外形				
卖点	双温控系统，实现立卧两式安装	双内胆独立加热功能，有冬夏两种选择	精控温技术，不产生同温度生活用水	亚克力材料环保，对人体无伤害

比利奇			
型号	EH-50i	SM60D	SL65D
控制方式	电脑	电脑	电脑
外形			
卖点	可卸式设计，有五种色彩装饰	双胆双发热管结构，有预热功能，节约能源	大小双内胆结构，微电脑控制功能

图 6-5　竞争对手分析

■ 三大竞争品牌的特点

- 海尔 → 注重技术创新，各类家电外观趋向系列化
- A.O.史密斯 → 突破性节能技术，外观更加适合安装与操作
- 西门子 → 智能化，适合中国人外观审美喜好

■ 阿里斯顿自身优势分析

- 品牌延续性 → 家电类产品认知度较高；各档次的产品针对各种人群
- 人性化的设计 → 针对亚洲人的特点；电热水器技术功能的完善

图 6-6　竞争对手比较分析

在产品设计中，要充分体现出阿里斯顿的自身优势，并以优势为特点进行系列化设计。

6.1.5 设定市场地位

市场地位就是所设计的产品，在消费者心中，我们产品的市场定位。结合各个企业的情况，给自己的产品设定正确位置。在设定市场地位的过程中，首先要明确我们现在所处的位置，之后，根据企业的发展战略可以再次设定企业对产品下一步的定位。

设定市场地位不仅与企业战略相关，还与产品形象息息相关。企业的市场定位不仅仅取决于通过价格、材料、功能等因素，产品的形象也可以帮助企业更方便、更快捷的传递企业的市场定位。

图 6-7 是以价格和销量为纵横轴，分别对阿里斯顿及其部分竞争对手现在的市场定位分析，通过图表的方式对产品进行市场定位。通过分析企业可以调整自己的市场战略，对产品重新进行市场定位，而一旦确认后应相对保持稳定。

2006年中国电热水器市场销售与价格情况表

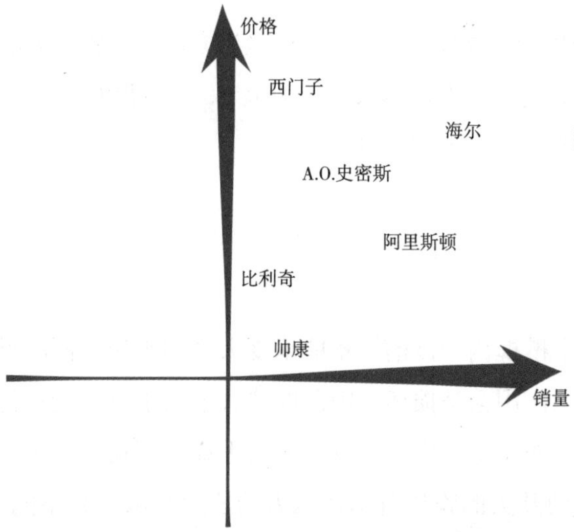

▶ 图标分析：以价格和销量为纵横轴，将市场现有几个主要竞争对手产品放入十字中进行分析

从左图中可以看出，阿里斯顿目前及将来所面临的两个主要竞争对手是海尔和A.O.史密斯

图 6-7 市场定位

6.2 电热水器功能、结构与材料分析

6.2.1 产品功能分析

1. 开关键

控制烧水、水温，使纯净水在一定温度范围内浮动，超过某一水温停止烧水，低于某一水温自动开始烧水。

2. 提示灯

红色灯提示正在烧水，绿色灯提示可以饮用。

3. 智能提示

提示烧水的时间、温度和所使用的水量。

6.2.2 工作原理分析

电热水器是用裸露的电热丝直接加热水，用可靠接地屏蔽泄漏电流入地以解决安全问题。现阶段国内仍然在大范围的使用。其特点是结构简单、成本低、寿命长，但需要非常可靠的接地装置及非常专业的安装技术。

如果把它与现代的漏电保护技术结合，可能是解决即热式电热水器价格居高不下的有效途径。目前国外各种热水器的包括电热水器技术与国内基本是一致的，没有太大差异。

很纯净的水是绝缘体，但是自然界的水都含有盐类，是能够导电的。电极式热水器就是利用非纯净水的导电性，用两个有一定面积的、距离较近的电极置于被加热的水中，电流通过水体时发热而达到加热水的目的。这种方法产生的热量有限，不易控制调节，而且加热过程中易使水电解产生可能对人体有害的物质，因此并没有在热水器上得到应用。

6.2.3 电热水器基本结构分析

电热水器又称为快速式、快热式或即热式电热水器，其基本特点是：冷水过热水出，只要一开水龙头，几秒钟内即能源源不断地连续供给热水，不用热水时，关上 水龙头即可。

按加热形式的不同，即热式电热水器可分为下列 3 种。

（1）裸露电热丝加热式电热水器。

（2）电热膜加热式电热水器。

（3）电热管加热式电热水器。

即热式电热水器的加热器是设在一个槽框内，该槽框不能承受太高的水压，同时槽框的左右侧极和电热丝引入的两个极点，若长期受到水压作用会被损坏，因此即热式电热水器不能设计成后制式，都是前制式。此外，为了保证即热式电热水器的安全使用，不发生无水干烧，都在冷水进口处装有以水流为信号的压力传感激动开关，压力传感激动开关的膜片所承受压力的能力有限，且不能长时间承受压力，所以即热式电热水器一般都做成前制式。典型的即热式电热水器主要由加热槽板、压力传感器、功率调节器、水量调节龙头、进水管和出水管等部件组成，其中加热槽板是即热式电热水器的关键部件，其结构（见图 6–8 和图 6–9）由槽板、密封圈、盖和电热元件组成，其电热元件位于槽板的槽中。

即热式电热水器是采用直接传导的加热方式进行工作的，由于电热元件置于槽板的槽中，所以当冷水流经槽中时便能直接流经电热元件表面而被加热。因为水槽似蛇形，所以进水口流入的冷水是逐步被加热的，在出水口处便可得到温度较高的热水。

6.2.4 电热水器设计构思

1. 用户研究

用户研究是电热水器设计项目的指导思想，包括前期的产品功能定义，产品使用流程定义，产品形式和方式定义等。

2. 造型设计（改进）

设计源点。水是一种充满历史的元素，纯净、文化是其本源，因此在造型上可以借鉴水的形态，并强调产品水的文化蕴涵，并借以传达一种“流动”的感觉。

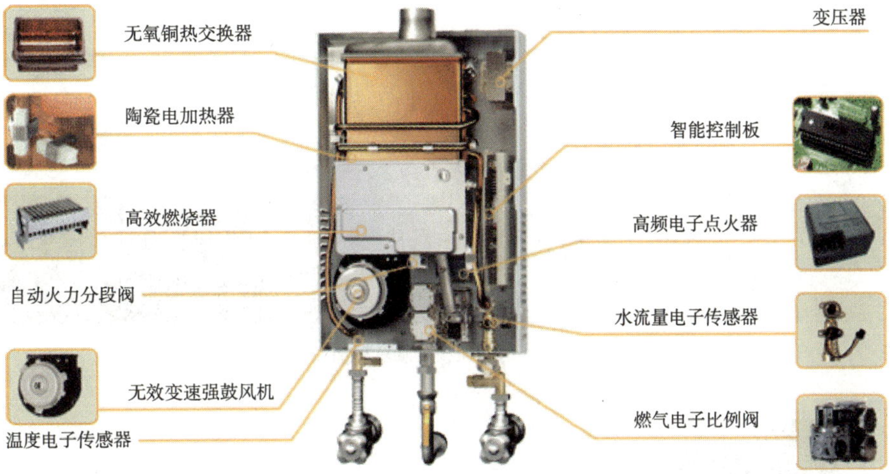

图 6-8　即热式电热水器内部结构

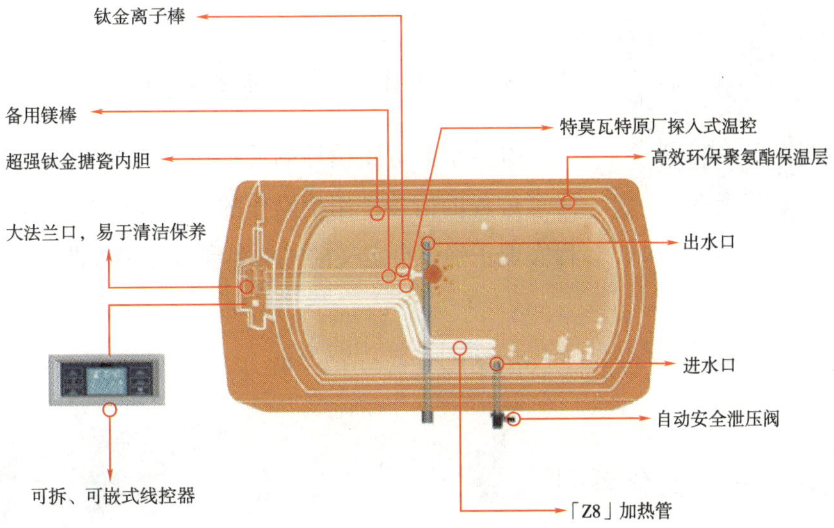

图 6-9　即热式电热水器功能划分

6.3　电热水器设计的深入

6.3.1　界面设计（改进）

操作界面是人与机器的一个对话平台，因此操作界面的设计是产品设计的一个重中之重，一个清爽、宜人的操作界面是设计成功的一半（见图 6-10）。

6.3.2　结构设计（改进）

随着方案的深入，热水器的结构设计也显得尤为重要，一个好的结构设计不仅能够体现出产品的设计原貌，同时还可以为企业节省大笔的研发和生产费用。

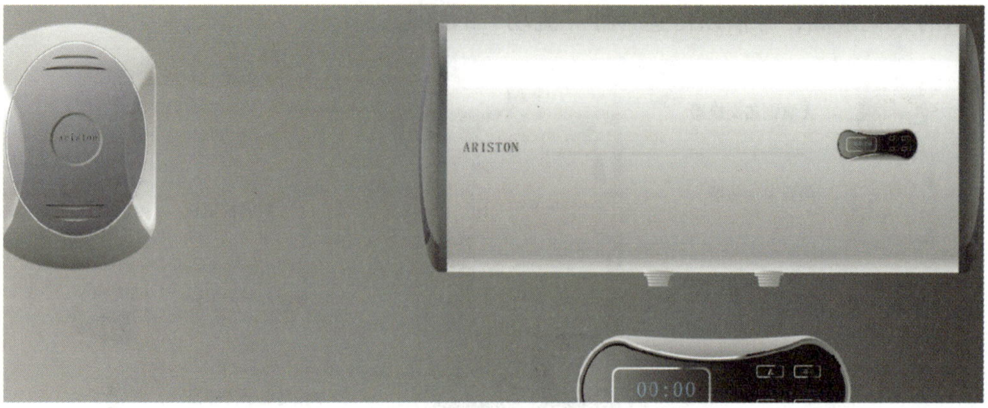

图 6-10　阿里斯顿热水器界面设计

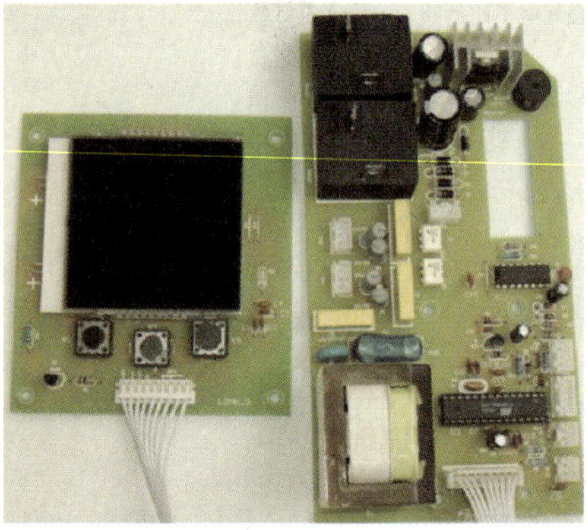

图 6-11　电热水器电路设计

6.3.3　电子电路设计（改进）

电热水器电路设计的关键在于芯片，其制作的关键点如下：注意进程的衔接，用户操作的交互反映（指示灯的亮和灭），过程实现正确，自定义模式的实现，电路板调试（见图 6-11）。

6.4　电热水器设计表达（创新设计）

6.4.1　设计表达——文化系列

文化系列强调企业文化，在造型中体现企业形象与企业精神（见图 6-12 和图 6-13）。

产品设计中始终以方形、尖角等元素为主旋律，而这些元素又源于企业的标志，从而体现企业的文化。

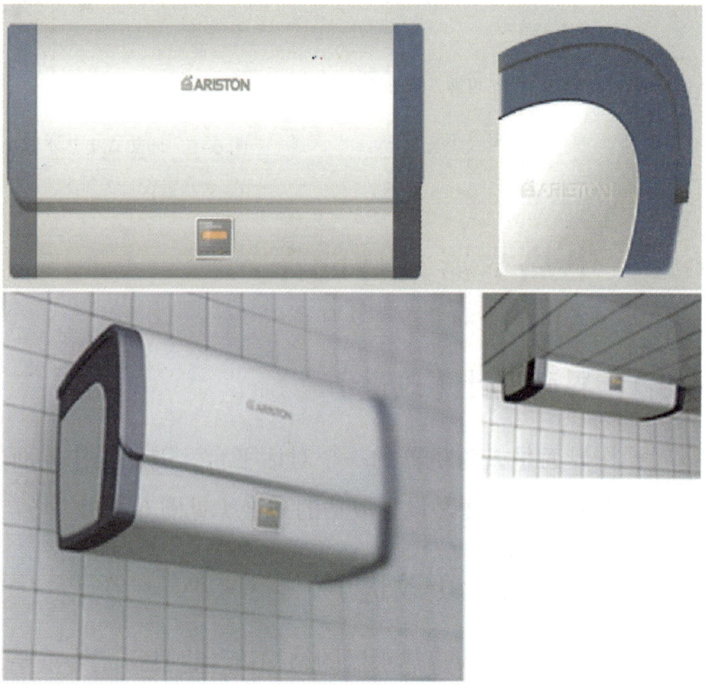

图 6-12　文化系列方案一

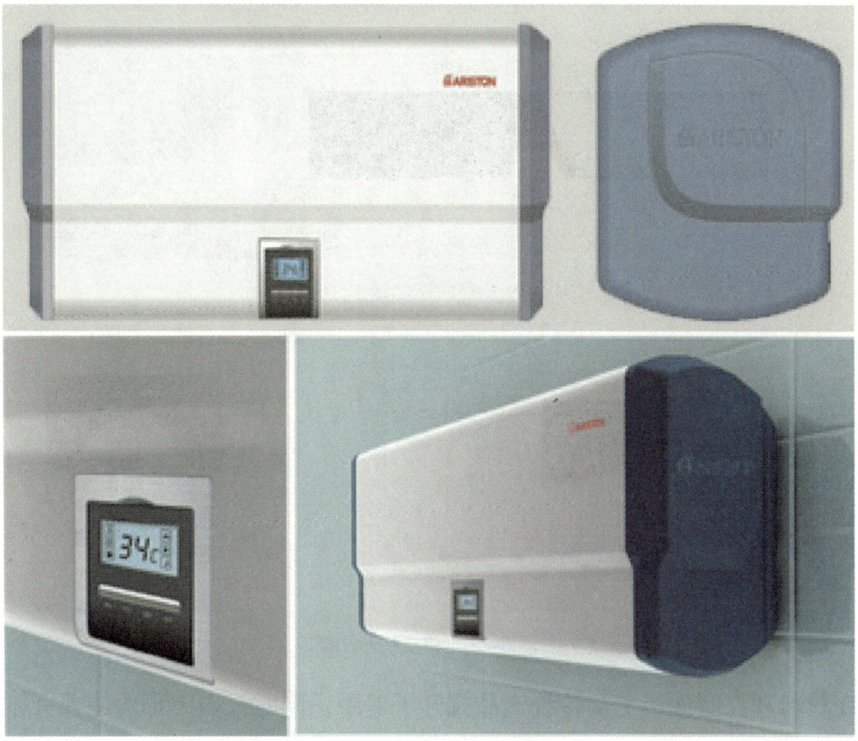

图 6-13 文化系列方案二

6.4.2 设计表达二——科技系列

科技系列强调设计的科技感（见图 6-14 和图 6-15）。

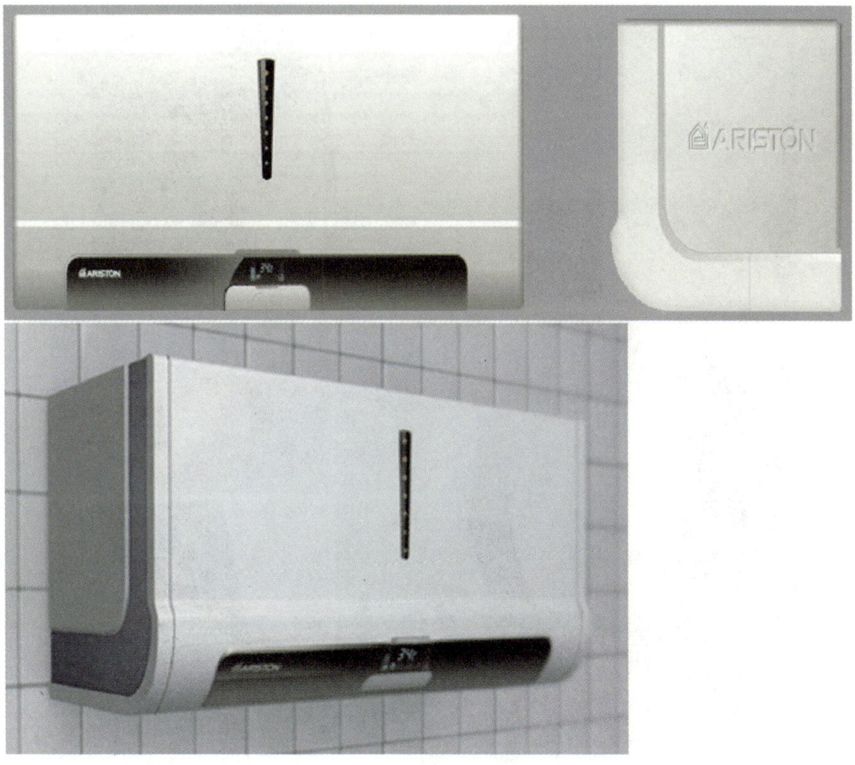

图 6-14 科技系列方案一

图 6-15　科技系列方案二

科技系列在材料和控制面板上与传统产品拉开了差距，同时又以方形为主要元素加以联系，增强了两款产品之间的联系，使其成为一个系列。

6.4.3　设计表达三——个性系列

现代社会给了人们彰显个性的空间，因此企业选择个性作为阿里斯顿电器的一个关键词（见图 6-16 和图 6-17）。

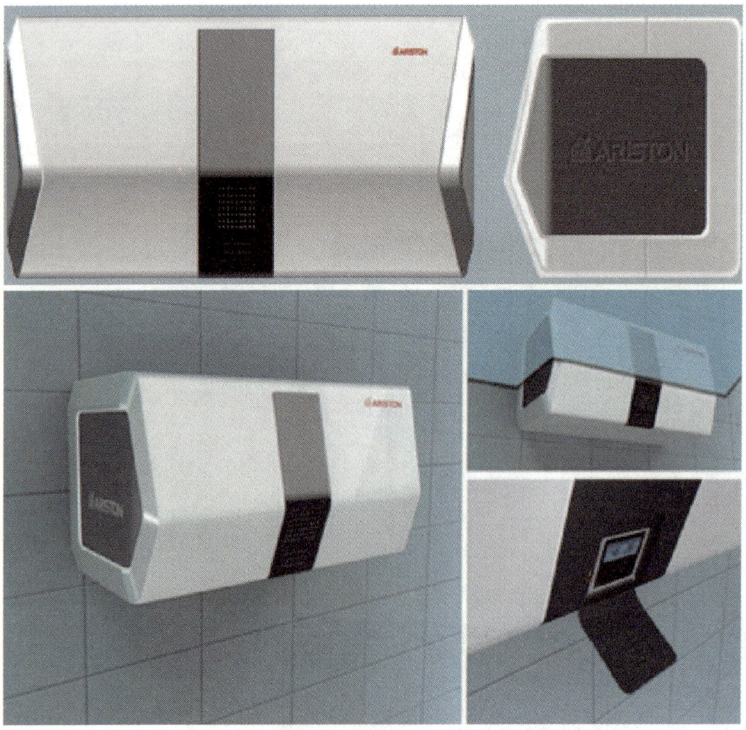

图 6-16　个性系列方案一

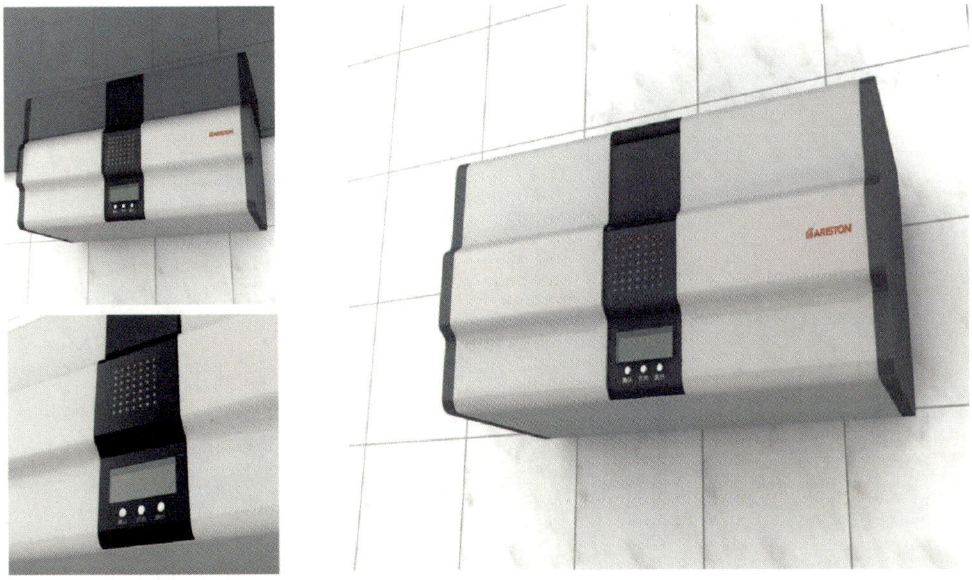

图 6–17　个性系列方案二

个性系列的开发主要是为了满足人们对个性的需要，这两个设计方案都是大开大合、棱角分明，从这个角度发生联系，进而成为一个系列。

6.4.4　设计表达四——健康系列

人们在生活中对电器的使用越来越注重健康，因此把健康作为这一系列的关键词（见图 6–18 和图 6–19）。

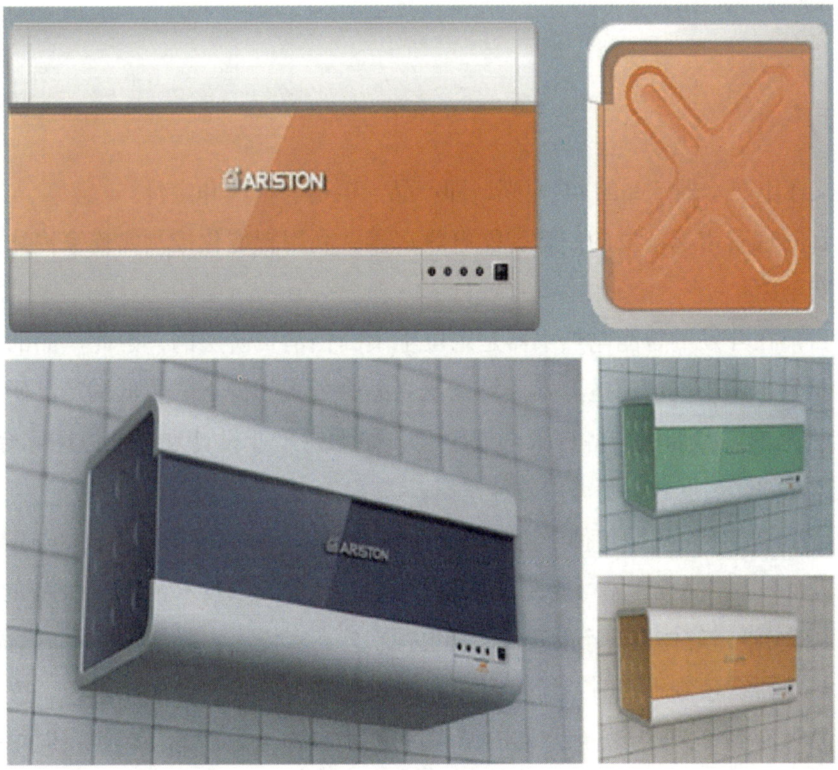

图 6–18　健康系列方案一

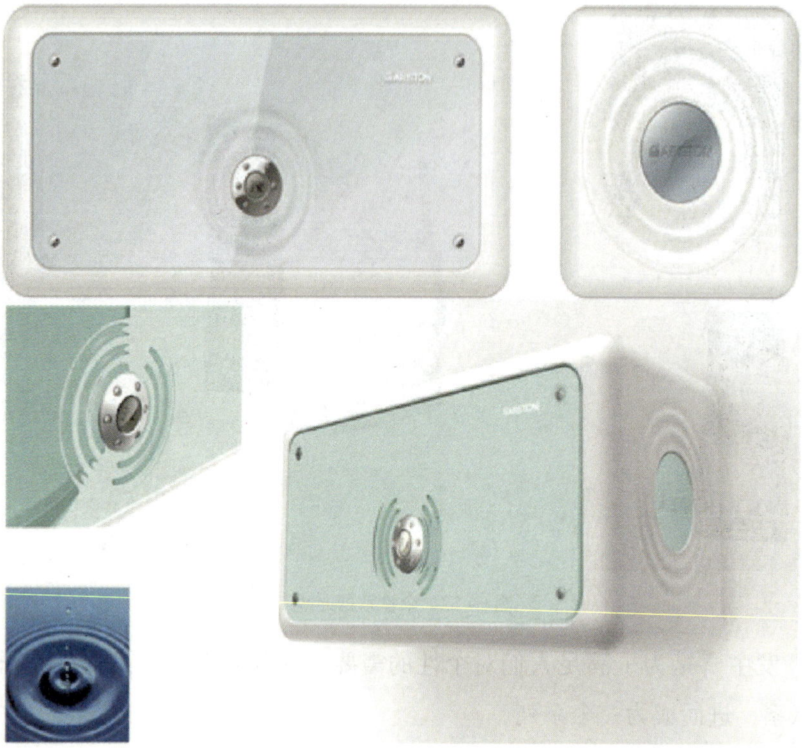

图 6-19　健康系列方案二

两个方案分别以健康的使用方式、大自然的水为设计源点展开设计，以相同的设计元素来加强联系。

6.5　热水器设计推广

6.5.1　商业推广

商业推广定义了电热水器产品的 4P 原则，即产品、渠道、推广和定价。

（1）产品。针对现有市场开发的一款智能电热水器，利用智能化控制实现家庭沐浴的便捷性、舒适性、高效性和安全性。

（2）渠道。目前在开发的智能电热水器是定位于中高档消费阶层的，因此产品的销售地点初步定为各大城市中大型超市和中高端家电专卖商场或成立品牌公司。待下一步低端产品研发成功后，可相应扩大产品的销售范围。参加国内各种家电展销会，如无锡工业设计展、上海国际会展中心参展等，从这些途径扩大产品的知名度和吸引海内外经销商。

（3）推广。产品的宣传可借助多种渠道，如参加知名国际、国家展销会，直接与国际商家接触，扩大产品知名度，从而增加产品推广的可能性；寻求技术合作伙伴，以技术转让或 OEM 的形式联合对产品进行宣传；此外大部分通过媒体进行产品宣传，如电视广告和宣传片、杂志、海报、横幅及报纸等。

（4）定价。热水器在包装出售时，所带附件有插线板一个及各种热水器附件。按产品开发成本投入和市场相关产品售价参考，初步将热水器的销售价定为 2300 元，产品市场推广时可按实际情况进行适当的价格调整。

6.5.2 设计及展示品牌 LOGO

设计及展示品牌 LOGO 如图 6–20 所示。

ARISTON
阿里斯顿

图 6–20 品牌 LOGO

6.5.3 参加国内展会——工业设计展会进行展览展示产品

参加国内展会的产品展示如图 6–21 所示。

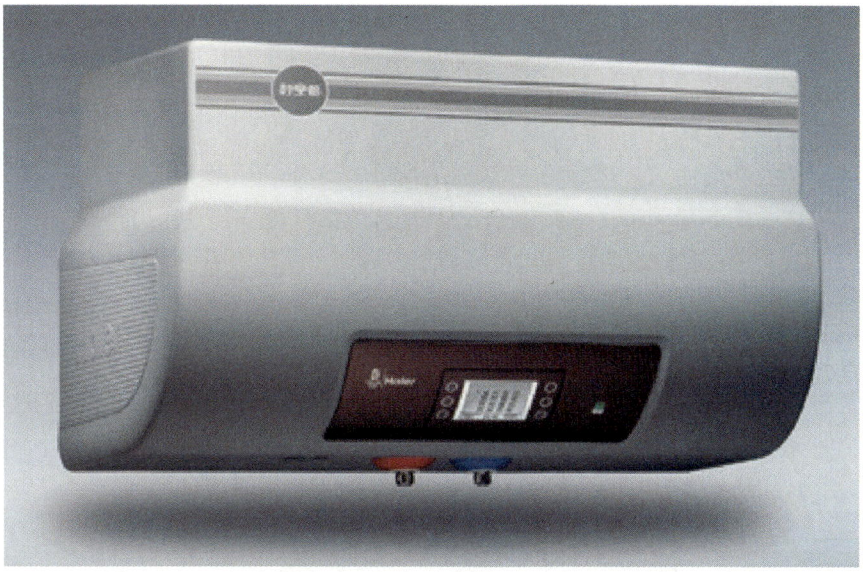

图 6–21 参加国内展会的产品

6.6 设计总结

图 6–22 为产品整合创新的开发流程。

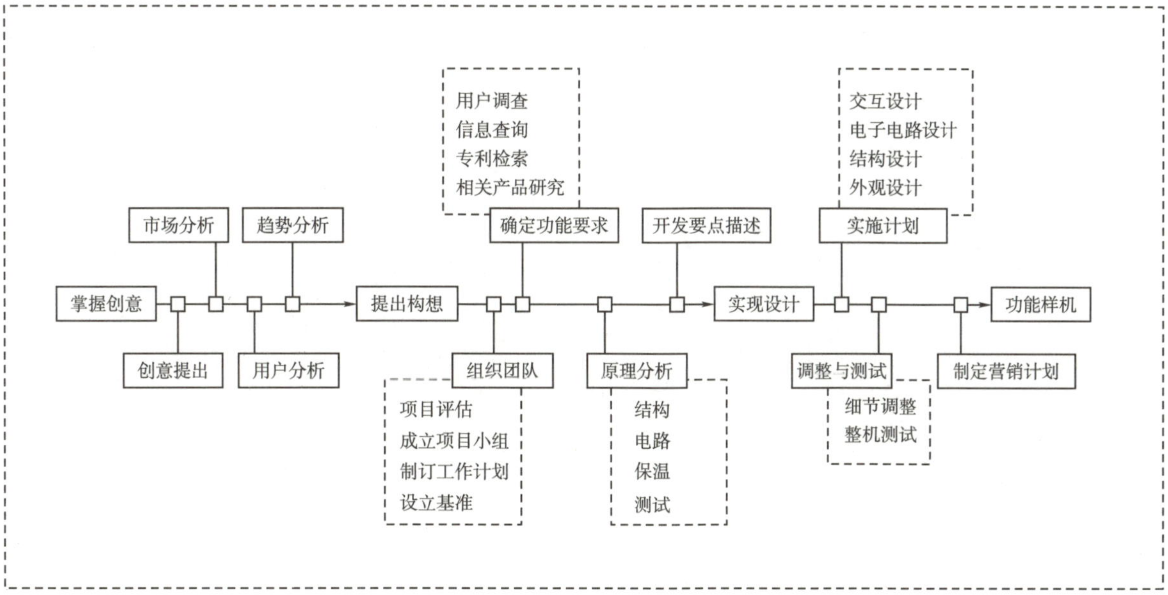

图 6–22 产品设计流程图

产品整合创新设计方法是我们一直在尝试的，也是我们多年总结出的适应现代市场发展的开发思路，而应用数字信息技术进行整合创新是提升传统家电产业的必然手段。市场竞争的生命力在于产品的创新，科学技术可以转变为有竞争力的商品，而在这个过程中创新设计的整合设计方法起到关键性的作用。产品的整合设计方法推崇以创新理念为主导的全方位设计研究，结合多方资源，超越 OEM（代工生产）以及 ODM（设计代理），是一种引领原创商业革新的 OCM 思考模式。整合设计的理念，成为以解决人们社会生活中实际问题为目的，以科技和人文为设计空间来探讨出全新的解决方案。

第7章
Chapter7

小家电产品可持续设计实践

本章中的小家电产品可持续设计主要以宁波地区为例。

7.1　宁波小家电概况

7.1.1　宁波小家电市场分析

随着生活水平的提高，以及多年的市场培育，宁波小家电逐渐被普通家庭所广泛接受，而且大多数的消费者都意识到小家电在家庭生活中扮演着越来越重要的角色，因此小家电对于普通家庭已经不是奢侈品。纵观发达国家的情况，平均每户家庭拥有三四十种小家电产品，而宁波城市居民每户家庭平均也有 10 ~ 20 种，其中与人们日常生活接触最为密切的厨房系列和居室系列小家电中的大哥级产品，如电饭煲、电风扇、电熨斗和电吹风等传统型小家电的家庭拥有率都在 50% 以上，其市场主导地位已基本稳固。而诸如搅拌机（榨汁机）、豆浆机、咖啡壶、空气净化器、加湿机和吸尘器等新型小家电产品的家庭拥有率也开始增加。宁波余姚的梁弄被称为是中国的灯具之乡，各种各样的灯具企业成为宁波小家电企业中的一个亮点。宁波各种造型美观的灯具热销全国市场，人们开始认为使用小家电是一种时尚的代表（见图 7–1）。

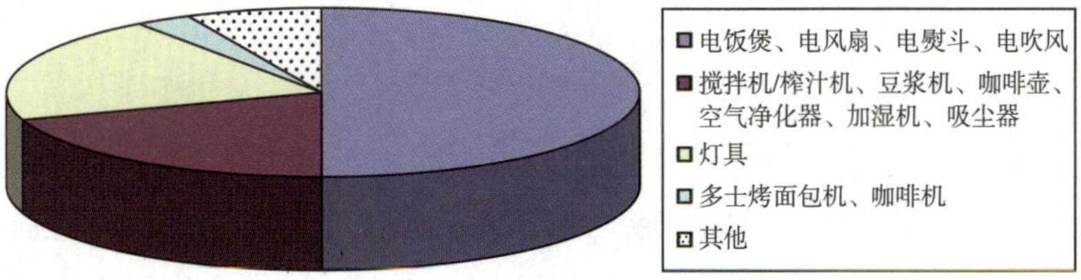

图 7–1　宁波市场小家电产品种类

通过对小家电使用年限的分析可知，一般的小家电产品的使用寿命为 5 ~ 6 年，因此目前有 1/3 的家庭面临小家电产品的更新换代，新一轮的购买热潮即将掀起。这还不包括每年新组建的家庭和农村家庭的购买力。

通过对消费者家庭收入和文化程度的综合分析发现，在收入和文化程度较高的家庭中小家电的拥有比例较高，特别是一些新型的灯具及搅拌机 / 榨汁机、咖啡壶、吸尘器等小家电产品表现得更为明显，仍可说明是一种生活品位和生活时尚的代表。对于新型小家电来说，具有较大的发展空间。还有一些小家电产品市场仍然处于萌芽状态，如空气净化类的产品，包括空气净化器、加湿器、氧吧等产品，家庭拥有率比较低，目前的购买意愿也比较低；多士炉烤面包机、咖啡机等产品进入国内市场已有一段时间，也逐渐被大家所接受。消费者在选择小家电产品时首先关注的一般是产品质量、产品性能安全性与耐用性，其次是产品的性能、品牌和价格等方面如表 7–1 所示。

表 7–1　　宁波小家电产品拥有分析比对表

项　　目	普 通 家 庭	收入和文化程度较高的家庭
小家电产品拥有率	低	高
拥有小家电种类	少	多
主要拥有的小家电	传统小家电产品，如电饭煲、电风扇、电熨斗、电吹风	除了传统的小家电产品外，还有新型的灯具以及搅拌机 / 榨汁机、咖啡壶、吸尘器等

7.1.2　宁波小家电企业现状

我国小家电生产企业主要集中于广东、江苏和浙江一带。其中，广东小家电生产企业占 63%，浙江占 15%，江苏占 6.6%，福建占 8.4%，其他各地占 7%。

我国家用电器界有一种说法“南有广东顺德，北有山东青岛，中有浙江宁波”。宁波作为内地三大家用电器生产地之一，占浙江省小家电企业的 60% 以上，而其中有 80% 在慈溪和余姚（见图 7–2 和图 7–3）。

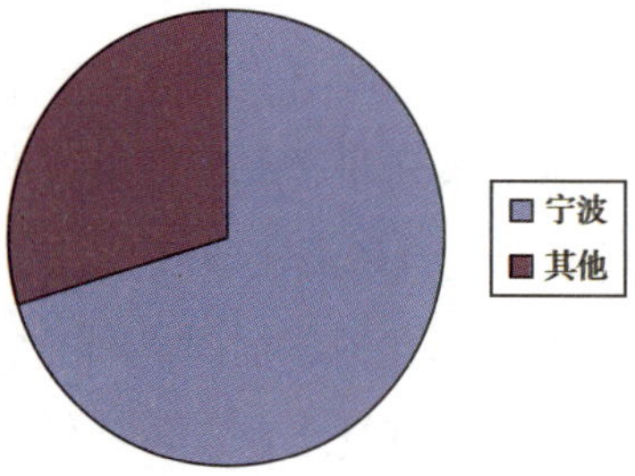

图 7–2　浙江小家电生产企业分布图

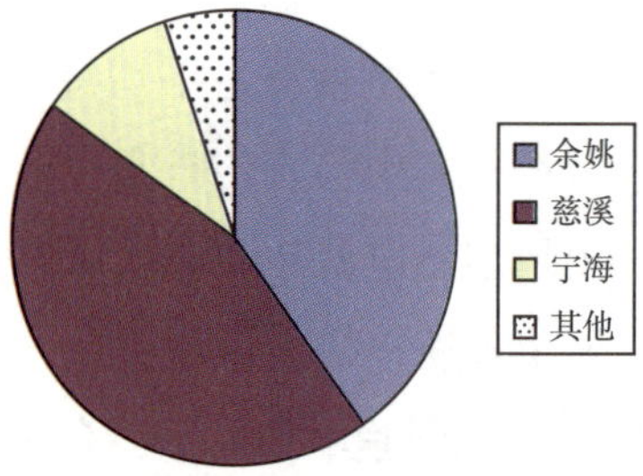

图 7–3　宁波小家电生产企业分布图

宁波的小家电生产主要集聚在余姚和慈溪两地。余姚是中国塑料原料的最大集散地，年交易额超过 285 亿元，中国塑料城和中国轻工业模具城为小家电企业的发展提供了良好环境。宁波和余姚生产的小家电产品有灯具、吸油烟机、燃气灶、消毒柜、吸尘器、电吹风和咖啡机等。据了解，2008 年，余姚的家电及零部件等相关企业达 2400 多家，产值逾 400 亿元，小家电整机出口 22 亿元，中型规模以上家电企业 395 家，产值 212 亿元。销售收入超亿元的家电企业有 38 家，销售收入 10 亿元以上的企业有 2 家。在这些小家电企业中尤其以余姚梁弄的灯具企业最多。余姚梁弄作为全国最大的灯具生产基地，梁弄镇具有工商注册灯具生产企业 400 多家，在全国设立灯具销售网点 1800 多个，室外灯具产品已形成 15 大系列 1000 多个品种，畅销国内外市场。

慈溪是我国较有影响的“塑料模具”之乡，也是众所周知的小家电生产基地之一。慈溪的小家电业起步较晚，初始阶段都是靠为外地企业配套起家。到 20 世纪 90 年代中后期，国内部分小家电企业因激烈的竞争而退出市场，慈溪的不少配套企业一下子“断了奶”。这迫使他们痛下决心直接面对市场，从事整机生产。短短几年，全市整机生产企业已达 1800 余家，为其配套的企业达万余家，产品也由原先的电风扇、电熨斗、取暖器、吸尘器等小家电发展到洗衣机、饮水机、空调、脱排油烟机和电烤箱等，涌现出了诸如“方太”、“先锋”、“奇迪”、“惠康”和“沁园”等国内知名品牌。如今，这里每年生产的各类家电整机达 6000 万台，是全国最大的饮水机、电熨斗、电吹风和电源插座的生产基地。这个长三角腹地的小家电生产群落中，年产值在 1000 万 ~ 3000 多万元的企业不计其数，其中有 20 多家企业年销售已突破 1 亿元。余姚与慈溪两地小家电企业比较见表 7-2。

表 7-2　余姚慈溪小家电企业比较

项目名称	余姚	慈溪
企业数量	2400 多家	1800 多家
产值超亿元的企业	38 家（10 亿元以上的企业 2 家）	20 多家
主要产品	灯具、吸油烟机、燃气灶、消毒柜、吸尘器、电吹风、咖啡机	风扇、电熨斗、取暖器、吸尘器、洗衣机、饮水机、空调、脱排油烟机、电烤箱
知名品牌	富达、帅康、西摩、樱奇、云环、屹东	方太、先锋、奇迪、惠康、沁园
其他特色	余姚梁弄作为全国最大的灯具生产基地，梁弄镇具有工商注册灯具生产企业 400 多家在全国设立灯具销售网点 1800 多个，室外灯具产品已形成 15 大系列 1000 多个品种	每年生产的各类家电整机达 6000 万台，是全国最大的饮水机、电熨斗、电吹风、电源插座的生产基地

7.2　企业对小家电产品可持续原则的应用

7.2.1　大型企业应用可持续设计原则实例

小家电产品在宁波市场上占有很高的份额，宁波现有家电整机企业有 2000 多家，配套企业万余家，产品包括厨房、卫浴、个人生活、家居等各类小家电及其他家电电子类产品等 20 多个系列。这些企业多以中小型企业为主，他们对产品设计的意识淡薄，没有真正投入到小家电产品的可持续设计研究中。但宁波是全国最大的饮水机、电熨斗、电吹风、双缸洗衣机和电源插座的生产基地，涌现出了奥克斯、富达、方太、惠康、帅康和沁园等一批品牌企业；此外，三花和春晖等众多配套企业，在世界也已赫赫有名。这些大企业很早就建立了自己的产品设计团队，进行小家电产品的可持续设计研究与开发。

1. 宁波方太集团[1]

方太旗下的“FOTILE”品牌已成为中国嵌入式厨房电器的代名词。2009 年方太灶具 JZY/T/R-HL19（见图 7-4）、新近吸式油烟机 CXW-189-JX06（见图 7-5）、消毒柜 ZTD100F-09A（见图 7-6）以及微波炉 W25800K-03（见图 7-7）获得德国 IF 设计大奖。

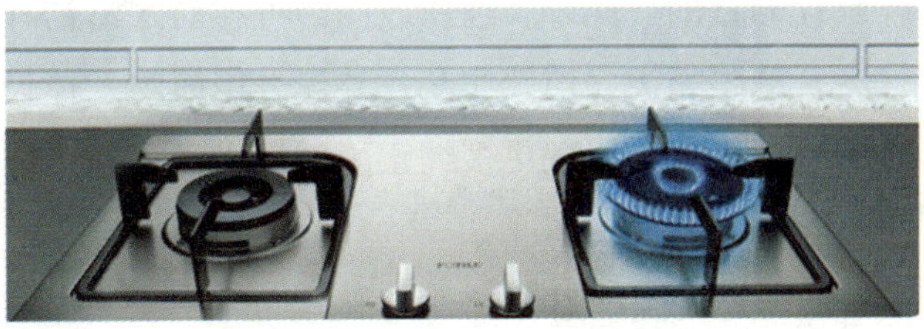

图 7-4　方太灶具 JZY/T/R-HL19

[1] 方太集团主页，http://www.fotile.com/index.aspx.

图 7-5　方太新近吸式油烟机

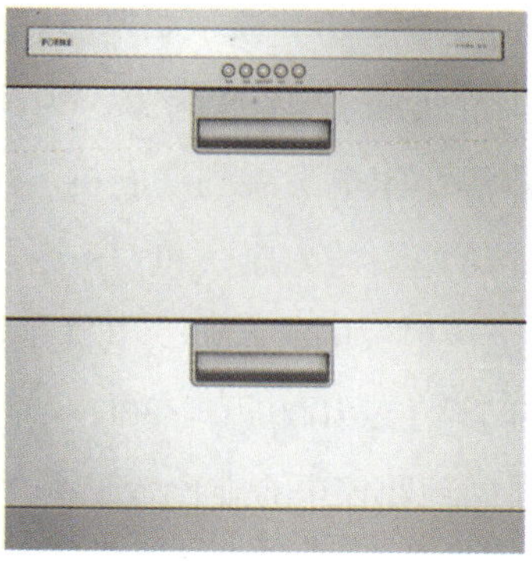

图 7-6　方太消毒柜

图 7-7　方太微波炉

以本次获奖的方太新近吸式油烟机 CXW-189-JX06 为例，其可持续设计原则主要体现在以下几个方面。

（1）功能适用化。显而易见，这款产品的功能就是吸油烟，没有其他多余不适用的功能。

（2）模块化设计——便于清洗保养。这款产品导烟板为三层高硬度表面，不沾油污；导烟吸附技术，科恩达导烟板充分控烟，引导油烟快速吸入；双风侧吸技术，吸力加倍强劲，吸净厨房余烟；三重油烟分离技术，层层保护，过滤油烟保护机芯健康，减少保养频次；真正无油网设计，解决频繁清洗油网烦恼；大容积集油槽，10 倍于普通油杯容量，大大减少了倒油次数，及时掌控倒油时间。

（3）外形设计——简洁人性化。这款产品外形时尚新颖，两侧增加玻璃挡风板，更显灵动之感，侧板和挡烟板采用无铅水晶蓝星灰钢化玻璃，边角采用意大利磨边工艺，45° 倒角，精湛高档；前端增加铝合金装饰键，装饰键左右有圆柱形装饰圈，装饰键上有一小块可活动的玻璃挡板；科恩达导烟板大平面设计，整体易洁；它的简练直线条和平面设计，适合与各种厨房装修风格搭配。运用“银”与“灰”两大色系，典雅高贵，赋予厨房贵族化气息。整机敞开设计，角部 R 角弧度处理，视野开阔，不碰头；靠得近，吸得更干净，解决墙面溅油的问题。

（4）节能环保设计。这款产品与灶具靠得近，油烟吸得更干净，解决墙面溅油的问题；双风侧吸技术，低位近吸加倍强劲，更强吸力对付油烟。

又如方太灶具 JZY/T/R-HL19（见图 7-4），它独有五腔 + 安全火燃烧技术，强劲蓝火更安全；25.5° 出火角设计，解决了热量的充分利用和废气排放问题；独特“控压阀”设计，精确控压，彻底解决气源难题，确保蓝火持久强劲；所有这些都使得这款产品能更加充分地利用能源，达到了可持续设计的目的。此外，这款产品的可移动式清洁杯，解决了炉头清洗问题；整机边角皆经过纯手工打磨，触感完美，质感非凡；外观采用简约一体设计，时尚经典，更易清洁；设计的锅支架，有精心的喷搪工艺，展现更多纯正不锈钢光泽；在工艺以及造型上体现出更多关怀、更多人性化的设计细节。

2. 宁波沁园集团[1]

沁园公司净水器（见图 7-8）和饮水机之所以有这样好的销售成绩，与沁园集团在产品设计中充分坚持可持续设计原则是分不开的。沁园集团产品的可持续设计原则主要是：应用了各种高科技的技术，

[1] 沁园集团主页，http://www.qinyuan.cn/.

使产品能更好地利用水资源，达到水资源净化饮用的目的。

图 7-8　沁园净水器系列

沁园 RO-185 全自动反渗透纯水机，日产水 185L（大约可以满足 10 ～ 30 人同时使用）。这款是全自动逆渗透净水器，采用五级过滤系统，用户安装好之后只需接通电源，便可实现自动制水、自动冲洗、水满自动停机和缺水自动停机等功能。它采用的技术主要有以下几项。

（1）PP 纤维滤芯：可有效去除水中大于 5μm 的肉眼可见杂质，如悬浮物、泥砂、红虫、铁锈等固体沉淀物。

（2）颗粒活性炭滤芯：具有极高的吸附能力，可去除水中有机物以及异味、异色等，如农药、余氯和三氯甲烷等。

（3）精密活性炭滤芯：可吸附重金属离子，并进一步吸附前二级漏过的各类有机物，保护反渗透膜，并延长其使用寿命。

（4）高压泵：采用优质材料、精工制造的高压泵，噪声低、振动小、使用寿命长，运行稳定可靠。

（5）逆渗透膜：采用美国进口逆渗透膜，其过滤孔径可达 0.0001μm，可完全滤除水中的有机物、重金属离子、细菌、病毒、热源及其他杂质，同时将上述有害物质通过排污系统及时排出。

（6）后置抑菌活性炭滤芯：可更彻底的吸附净水中的异色、异味，调整水质口感，确保水质清醇可口。

7.2.2 中小企业小家电设计情况

宁波的小家电企业主要是以中小企业为主，其中大部分又主要是以代加工为主，对于设计和创新还没有比较深的认识，这与企业自身的一些经济状况是密切相关的。大部分是企业主经商和办企业的思想很活跃，很会利用人力资源优势、地缘优势和产业链优势，发挥着低成本的最厉害营销武器，维持着企业生存。经过近几年的发展，小家电市场已逐渐接近饱和状态，在如此激烈的竞争环境下有些企业的生存状况不容乐观，因此对于产品的可持续设计只能采取比较保守的发展策略，以市场销售比较好的产品来开展自己的销售。就像其中的某些企业经理所说一样，对于一个小企业来说开发一个新产品所带来风险也许是致命的，对他们来说，当前有好的销售市场能让企业生存下去才是企业最关键的因素。而对于一些中型企业来说，虽然企业有自己设计的能力，但还存在一个关键的问题就是关于知识产权的保护和跟风现象严重——企业花大精力研发的新产品，如果销售量稍微大点其他的企业立刻会跟风抄袭，瓜分自己新产品的市场，这样新产品所带来的市场效益就远远没有原本预想的效果，有时也只是相当于原有产品的销售的效益，所以就使这些企业每年对于新产品的研发数量越来越少甚至磨灭，最后致使自身企业慢慢失去特点而平庸化。

此外调查数据也显示在 2000 ~ 2006 年，几乎所有比较知名的欧、美进口商均有计划将 OEM 产品转移到宁波一带的小家电企业生产。但是到 2006 年下半年开始，随着港、台企业的改革进入后期阶段，以及原材料、人力成本、人民币汇率等的影响，这些企业与港、台企业相比失去了唯一的成本竞争优势。更重要的是，这些企业本身就没有很强的研发能力，同时，自身的工程、品质管理、制造和生产管理能力也没有在初期得到足够的重视，使产品逐渐失去品质和形象。在目前激烈的市场竞争下，这些中小企业除了单纯的降低成本外，还应该采取其他策略来突破，例如在小家电产品设计时引入可持续设计理念，使产品能够在激烈的竞争中更胜一筹。在目前的状况下，这些企业还没有自己的设计力量进行产品的可持续设计研究与应用，但是他们已经开始意识到可持续设计的重要性，因此他们委托宁波产品设计公司来完成这些产品的设计。

7.3 宁波产品设计公司应用可持续设计原则实例

与宁波大型企业通过高科技的技术来体现小家电产品设计的可持续原则不同，宁波的产品设计公司则更注重功能、造型与绿色材料的使用。他们在自己积极尝试小家电产品可持续设计的另一方面，帮助一些中小企业逐步走向可持续设计的道路。下面对宁波地区比较知名的几家产品设计公司的设计做以简单分析。

7.3.1 宁波科创工业设计

根据上面分析所得出的小家电产品可持续设计原则中造型应简约，减少不必要的装饰，在设计中体现“小就是美”、“少就是多”的含义。科创公司的设计就是以这样的原则去实现的[1]。

如图 7-9 和图 7-10 所示科创公司设计的 2 款暖风机。这 2 款暖风机的造型都是以简洁和内敛的线条辅以稳重的颜色，给用户以信赖感。暖风机 1 的造型比较简约，比一般的暖风机体积小，有效地节约了产品的材料，上部的结构可以拆卸，也节约了包装材料。暖风机 2 的造型憨厚，给人以稳定可靠的视觉感受。这 2 款暖风机采用了先进的 PTC 陶瓷发热体，安全、节能及快速加热三者合一，能有效保证消费者的取暖需要。同时，还具有 24h 定时、缺水断电保护、关机功能和限温器、熔断器、防倾倒开关，使暖风机操作更加方便，为安全使用搭建了多重“防火墙”。加湿暖风机的出风口采用可拆式设计，用户可轻松清洗机内污垢。同样，其进风过滤网也是可拆式设计，清洗方便，并起到过滤空气的作用。而专为欧洲客户设计全自动空气净化器（见图 7-11）则以简洁的线条勾勒出把手的整体造型，灰色系的表面能更好地与家具环境融合。

图 7-9　暖风机 1

图 7-10　暖风机 2

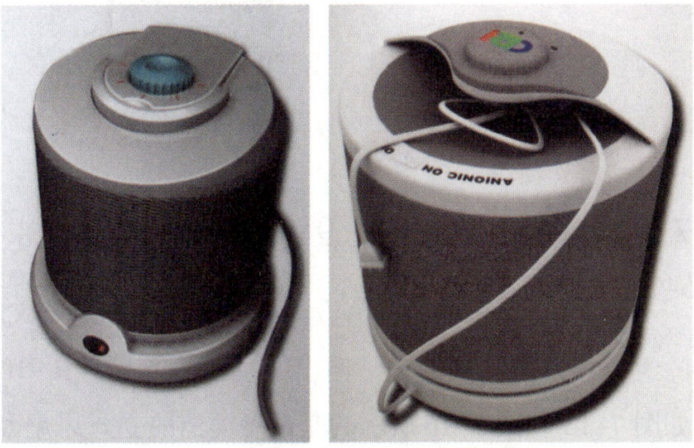

图 7-11　空气净化器

7.3.2　宁波天麟工业设计

宁波天麟的设计注重的是功能与造型的结合，曾设计了一款折叠台灯，这款台灯使用了最新的 LED 灯珠，照明亮度强，照明效果好，而且耗能小，节约能源。台灯造型的灵感来源于仙鹤，整体性强，可折叠的头部使造型产生变化，同时节约了包装材料。

图 7-12 所示的是一款电脑机箱设计。IT 产品极度丰富的今天，设计出一款优秀的 DIY 产品，非常不容易。既要与 IBM、DELL、HP 等系统厂商的产品竞争，又要与低端的产品周旋。设计这款产品的天麟公司以简约的设计风格作为产品设计的基调，控制界面预置使用人性化，运用铁网打造个性的重金属感觉，细腻的拉丝表面和网状材质处理凸显细腻工艺与品质，完善了便于改装的各种合理结构，为产品开始了可持续发展的空间。产品量产后，备受市场的青睐。

图 7-13 所示的是天麟专门为欧美国家设计的壁炉。这样单一功能的产品在我国或许用不上，但是由于壁炉在欧美国家是生活的必备元素，就像中国家庭的电视一样不可取代，因此这样的产品在欧美国家很受欢迎。在生活如此便捷的今天，传统壁炉很难满足多元化消费的需要。为了让壁炉更好地为人服务，天麟设计的概念是：延续壁炉的文化要素，用于指导造型语言与设计形态；用自动的颗粒进

---

[1] 宁波设计杂志——工业设计专栏。

料技术取代传统的人工作业；强化遥控技术。让消费者在品味源远流长的壁炉文化的同时，充分地享受科技带来的便捷与愉悦。这里的造型中更是加入了文化的语音，虽然一样简洁、大气，却不失优雅。先进的颗粒进料技术让壁炉可以更加有效地供给热量，起到取暖作用。

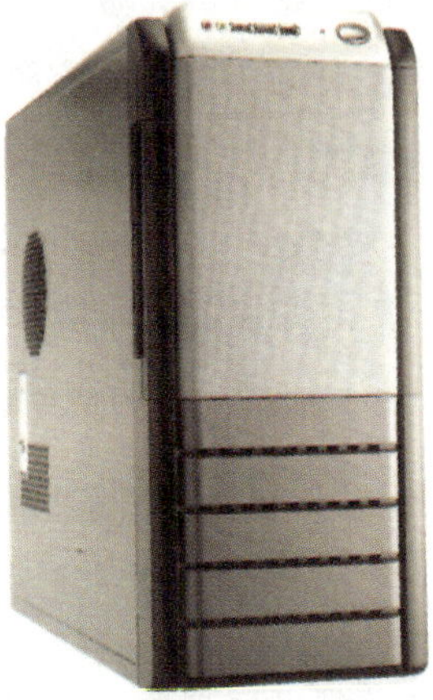

图 7–12　电脑机箱

图 7–13　智能颗粒壁炉

7.3.3　宁波蓝茵工业设计

图 7–14 所示的是蓝茵设计的模块化设计组合式电烤箱。这款产品的主要特点就是可拆卸和模块化的组合，使产品能变化延伸出一系列的产品，其中的组件通用，很好地诠释了可持续设计的理念。如如图 7–15 和图 7–16 所示的是造型简洁的立式风扇和全自动咖啡机。如图 7–17 所示的是一款将咖啡的磨豆机和滴漏机的完美组合的咖啡机。与图 7–16 所示的传统咖啡机比较明显可以看到，这款产品体积小，节约了生产材料和包装材料。

图 7–14　电烤箱

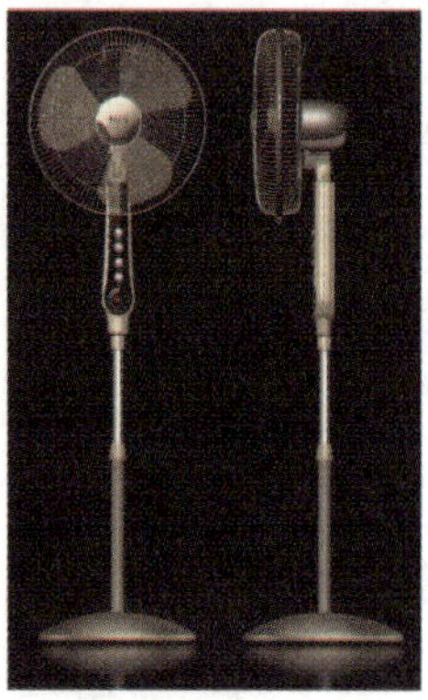

图 7–15　电风扇

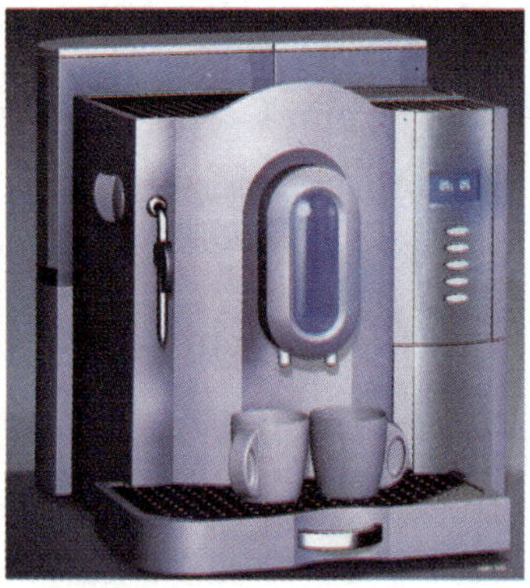

图 7–16　全自动咖啡机

图 7–17　咖啡机

7.3.4　宁波其他工业设计公司

宁波其他公司生产的产品也各有各的特点，但是不难看出，产品的造型多以简约为主，没有多余繁杂的装饰，以适合功能为主要前提设计。产品的功能也是比较单一的，以组合形式出现的产品一般都是模块化的一部分，可以如同孩子搭积木一般进行再组合。所选用的一般也是比较常见的塑料材料，只是更加环保，如图 7–18 ～图 7–23 所示。

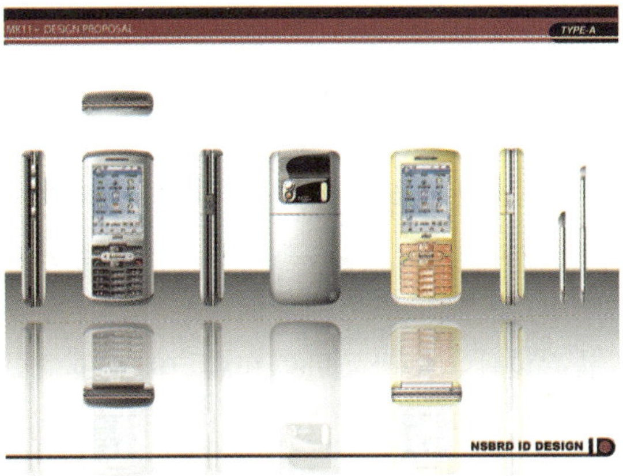

图 7-18　手机 1

图 7-19　手机 2

图 7-20　摄像机

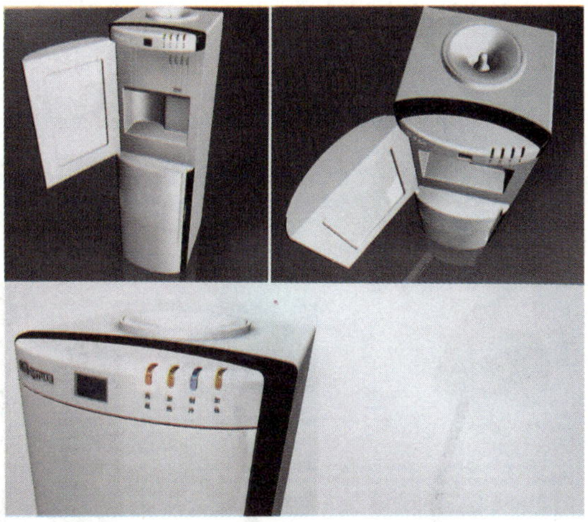
图 7-21　饮水机

图 7-22　对讲机

图 7-23　整体橱柜

7.4　宁波宁海荣发机电厂设计实践

宁波作为内地三大家用电器生产地之一，占浙江省小家电企业的60%以上，而宁波的小家电企业中有80%在慈溪和余姚。宁波的小家电企业主要是中小型企业，以代加工为主，对于设计和创新无较深的认识，在目前激烈的市场竞争下，这些中小企业除了单纯的降低成本外，还应该在小家电产品设计时引入可持续设计理念进行小家电产品的设计，使产品可以在激烈的竞争中更胜一筹。

7.4.1　企业基本概况

宁海荣发机电厂位于宁波市宁海县，与宁波小家电产业相对较发达的余姚、慈溪相比，宁海相对比较落后，而且是一个只有几十人的小型家电生产企业，因此更需要进行小家电产品的可持续设计开发。这个企业生产的小家电产品主要集中在手电筒、灯具和音响。最初的产品主要是老式的灯珠手电筒、传统灯泡台灯以及传统音响（见图7-24）。后来也生产国外一些OEM的产品，没有自主研发的新产品。

（a）　（b）　（c）

图7-24　企业原类似产品

（a）台灯；（b）手电筒；（c）机箱

7.4.2　企业产品存在问题分析

（1）传统产品技术老化。采用钨丝灯泡，使用寿命短，且不节能。

（2）产品的款式老。造型笨重，几乎无设计可言。

（3）产品结构简单。部件都是购买，没有通用的零部件，成本大。

（4）产品采用的材料是普通塑料以及金属合金，不是环保绿色材料，所耗费的包装材料也较多。

7.4.3　企业产品设计

在对宁波市宁海县荣发机电厂的产品进行研究后，发现了该企业产品设计开发中存在的问题，结合前面对小家电产品可持续设计理论的分析和研究认为，该企业小家电产品的发展空间很大，但是由于小家电产品本身受价格、大小、技术、结构以及材料等多种因素的制约，不可能在一个小家电产品中将所有的可持续设计的因素都融入其中，而应适当地考虑了其中的一个或几个相关的方面。在与企业领导、技术人员、企业生产师傅沟通后，提出了几款设计方案。

1. 设计方案

（1）方案一，LED 照明台灯（见图 7-25）。

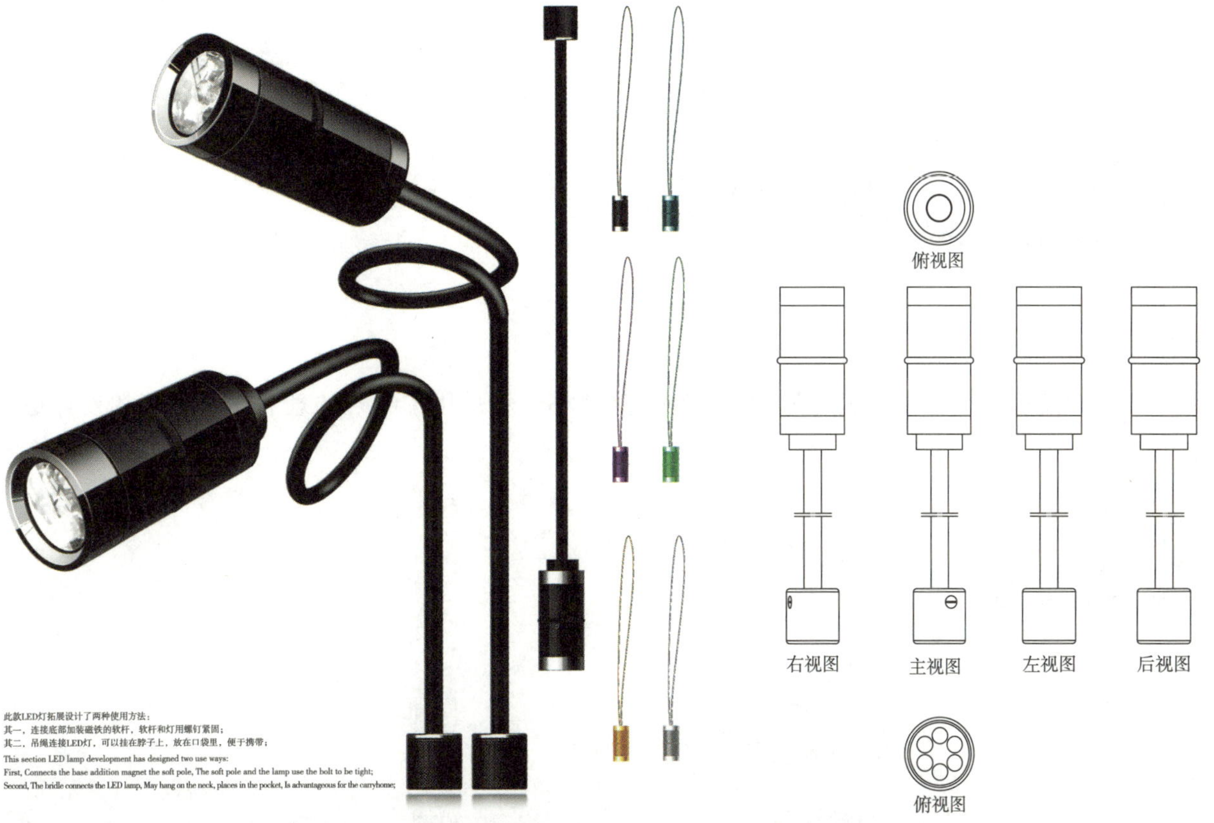

（a）　　　　（b）

图 7-25　LED 照明台灯

（a）效果图；（b）六视图

这款 LED 照明台灯是一种既能直接接入 220V 交流电网，又能用干电池，而且底座带有磁性的 LED 台灯。设计目的在于为社会提供一种体积小巧，照明亮度强，可放置和吸附于任何角落，照射角度可调的 LED 照明台灯。

这款 LED 台灯所采用的技术措施为：装有发光二极管 LED 组的灯头、灯座及连接灯头与灯座的支撑杆，所述灯座的底盖上设有凹槽，与该凹槽形状相对应的永磁铁，嵌合在凹槽中。支撑杆为可任意扭曲的蛇形软管。灯座上装有电源插头、转换开关以及电池盒。灯头通过转换开关与电池盒及电源插头的两输出极相连。

这款 LED 照明台灯采用转换开关控制，既可接市电又可用可充电的干电池供电，以作为台灯或应急灯供照明之用。尤其在底座装有磁块，能固定于任何有铁器的窄小狭缝；支撑杆采用可任意扭曲的蛇形软管，使灯头可以朝任意角度照射，使可照射的范围更广。

这款LED照明台灯外形美观，体积小，结构简单，可以为维修汽车等难以照明的地方提供光源。

（2）方案二，“半球形”台灯（见图7-26）。灯柱可以伸缩，全部合拢后为一半球形；合拢后采用触摸技术控制照明的强弱。

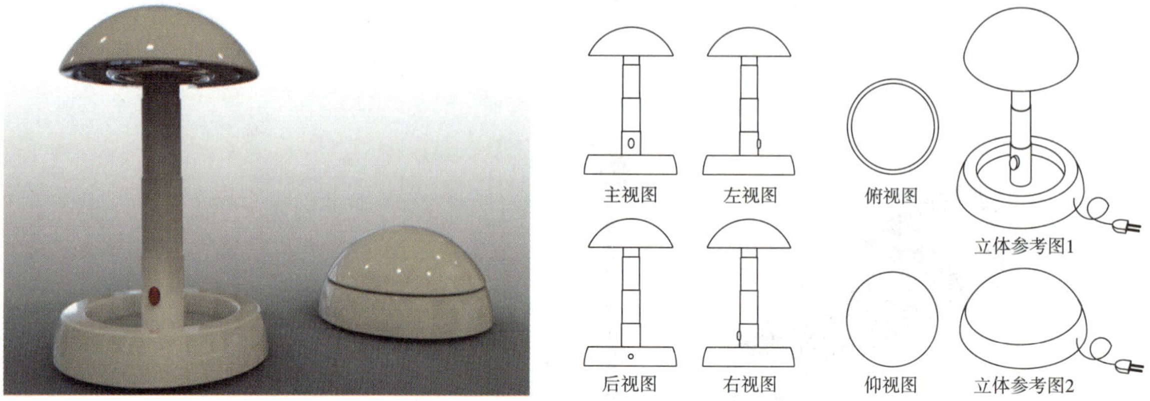

（a）　　（b）

图7-26 “半球形”台灯
（a）效果图;（b）六视图

（3）方案三，组合小音箱（见图7-27）。这套小音箱采用了组合的理念，使音箱的设计更加实用。

（a）　　（b）

图7-27 组合小音箱
（a）效果图;（b）六视图

2. 设计分析

（1）技术——应用高新技术使产品节能环保。针对原有产品技术老化——钨丝灯泡，使用寿命短且不节能的问题，新款产品中 LED 照明台灯（见图 7–27）以 LED 发光二极管（Light Emitting Diode，LED）作为光源。LED 光源具有任何其他光源无法比拟的优点[1]：效率高、能耗小、使用寿命长、使用安全、绿色环保，因此完全可以替代原有的钨丝灯泡，节能环保。图 7–27 所示这款组合小音箱中，当处于最顶端的 MP3 播放器下移与主体低音炮相接触时，会启动音箱发出科技时尚感十足的蓝光，两者间无需其他外线连线就能数据传输，然后音乐随之响起。高端技术的应用节约了不必要的结构和材料。

（2）造型——简洁美观的外形设计。针对原有产品中款式老，造型笨重，几乎无设计可言的问题。图 7–26 所示的新款 LED 照明台灯通过简单的线条设计和简洁的几何形态语言体现出了产品的高技术特征、完善的功能和优良的内在品质。支撑杆是可以任意扭曲的蛇形软管，便于用自由曲线创造动态造型，营造热烈、自由、亲切的气氛，富有节奏、韵律和美感，体现了产品的等级和与众不同。

简约外形、时尚风格再加上独特的概念就是图 7–26 所示的这款台灯的设计灵魂，其形态为半个球体，而可以伸缩的灯柱便是其中一亮点，不使用时它完全可以腾出相当一部分空间，因此在产品的包装材料上也节约了原有的 2/3，达到了节约材料的可持续设计的宗旨。

图 7–27 这款组合小音箱的重点外观是在原有的基础上加以突破。整体外观采用圆滑的外形，由于音箱作为与人直接接触产品，采用圆滑的外形对人来说更加安全，且手感也优于那些硬朗的产品。外观的原形定位在一些具有现代感的造型上，并提取有用的元素运用到了设计中。音箱主体低音炮部分，光洁闪亮镜面抛光，闪烁蓝光的触摸控制灯，图腾的装饰点缀，使整体成为高科技的艺术品。

（3）结构功能——合理的结构、适当的功能使产品使用更为方便。针对原有产品结构简单，部件都是通过采购而没有通用的零部件，成本大的问题。新设计的图 7–25 这款 LED 照明台灯采用转换开关控制，既可接市电又可用可充电的干电池供电，可作为台灯或应急灯供照明之用。尤其在底座装有磁块，能固定于任何有铁器的窄小狭缝，使产品能更方便更广泛地使用。

图 7–26 所示这款台灯打开的时候适用于普通照明、书写，而合拢后采用触摸技术控制照明的强弱不但可以起到点缀气氛的作用，更重要的是这样的设计完全符合根据使用的情况来调节亮度的可持续设计节约能源的思想。

图 7–27 这款组合小音箱采用了可拆卸组合的理念，音箱可以根据使用者的需求拆分开来，使设计的音箱有更加实用，有更多的消费群体，也达到了可持续设计的目的。

（4）材料——使用绿色材料，节约包装材料。针对原有产品采用的材料是普通塑料及金属合金，不是环保绿色材料，所耗费的包装材料也较多。新款产品采用的都是最新的环保塑料等材料。产品体积小巧，不会造成材料浪费。可伸缩和可拆卸的结构使得产品的包装也可以节约材料。

3. 专利申请

这款为企业设计开发的产品——LED 照明台灯、组合小音箱和台灯都已经申请了外观专利，其中的 LED 照明台灯还申请了实用新型专利（见图 7–28 和图 7–29）。

---

[1] 邵振波. LED 普通照明灯具设计趋势研究［D］. 硕士学位论文. 上海：上海交通大学硕士论文，2007.

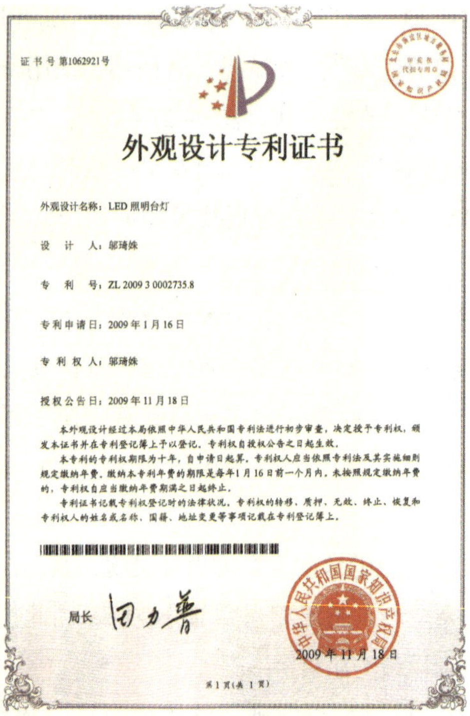

证书号第1062921号

外观设计专利证书

外观设计名称：LED 照明台灯

设　计　人：邬琦姝

专　利　号：ZL 2009 3 0002735.8

专利申请日：2009 年 1 月 16 日

专利权人：邬琦姝

授权公告日：2009 年 11 月 18 日

本外观设计经过本局依照中华人民共和国专利法进行初步审查，决定授予专利权，颁发本证书并在专利登记簿上予以登记。专利权自授权公告之日起生效。

本专利的专利权期限为十年，自申请日起算。专利权人应当依照专利法及其实施细则规定缴纳年费。缴纳本专利年费的期限是每年 1 月 16 日前一个月内。未按照规定缴纳年费的，专利权自应当缴纳年费期满之日起终止。

专利证书记载专利权登记时的法律状况。专利权的转移、质押、无效、终止、恢复和专利权人的姓名或名称、国籍、地址变更等事项记载在专利登记簿上。

局长 田力普

中华人民共和国国家知识产权局

2009 年 11 月 18 日

第 1 页（共 1 页）

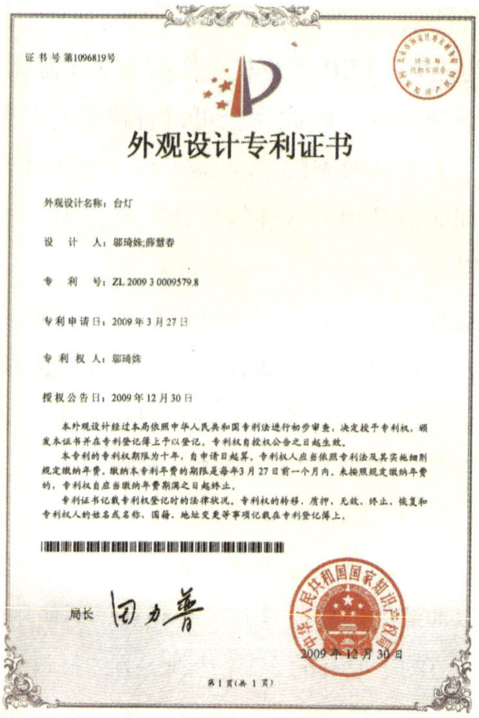

证书号第1096819号

外观设计专利证书

外观设计名称：台灯

设　计　人：邬琦姝;薛慧春

专　利　号：ZL 2009 3 0009579.8

专利申请日：2009 年 3 月 27 日

专利权人：邬琦姝

授权公告日：2009 年 12 月 30 日

本外观设计经过本局依照中华人民共和国专利法进行初步审查，决定授予专利权，颁发本证书并在专利登记簿上予以登记。专利权自授权公告之日起生效。

本专利的专利权期限为十年，自申请日起算。专利权人应当依照专利法及其实施细则规定缴纳年费。缴纳本专利年费的期限是每年3 月 27 日前一个月内。未按照规定缴纳年费的，专利权自应当缴纳年费期满之日起终止。

专利证书记载专利权登记时的法律状况。专利权的转移、质押、无效、终止、恢复和专利权人的姓名或名称、国籍、地址变更等事项记载在专利登记簿上。

局长 田力普

中华人民共和国国家知识产权局

2009 年 12 月 30 日

第 1 页（共 1 页）

图 7-28　外观专利证书（一）

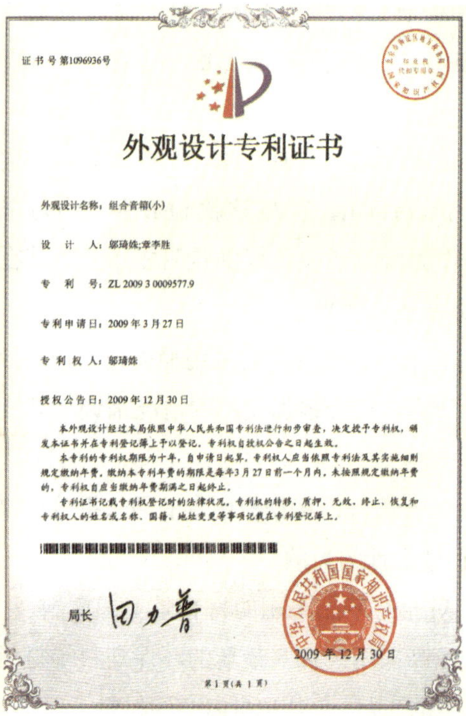

证书号第1096936号

外观设计专利证书

外观设计名称：组合音箱(小)

设　计　人：邬琦姝;章李胜

专　利　号：ZL 2009 3 0009577.9

专利申请日：2009 年 3 月 27 日

专利权人：邬琦姝

授权公告日：2009 年 12 月 30 日

本外观设计经过本局依照中华人民共和国专利法进行初步审查，决定授予专利权，颁发本证书并在专利登记簿上予以登记。专利权自授权公告之日起生效。

本专利的专利权期限为十年，自申请日起算。专利权人应当依照专利法及其实施细则规定缴纳年费。缴纳本专利年费的期限是每年3 月 27 日前一个月内。未按照规定缴纳年费的，专利权自应当缴纳年费期满之日起终止。

专利证书记载专利权登记时的法律状况。专利权的转移、质押、无效、终止、恢复和专利权人的姓名或名称、国籍、地址变更等事项记载在专利登记簿上。

局长 田力普

中华人民共和国国家知识产权局

2009 年 12 月 30 日

第 1 页（共 1 页）

图 7-28　外观专利证书（二）

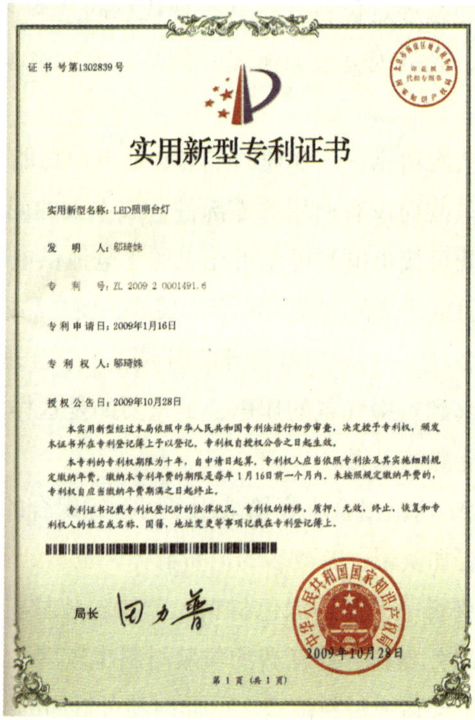

证书号第1302839号

实用新型专利证书

实用新型名称：LED照明台灯

发　明　人：邬琦姝

专　利　号：ZL 2009 2 0001491.6

专利申请日：2009年1月16日

专利权人：邬琦姝

授权公告日：2009年10月28日

本实用新型经过本局依照中华人民共和国专利法进行初步审查，决定授予专利权，颁发本证书并在专利登记簿上予以登记。专利权自授权公告之日起生效。

本专利的专利权期限为十年，自申请日起算。专利权人应当依照专利法及其实施细则规定缴纳年费。缴纳本专利年费的期限是每年 1 月 16日前一个月内。未按照规定缴纳年费的，专利权自应当缴纳年费期满之日起终止。

专利证书记载专利权登记时的法律状况。专利权的转移、质押、无效、终止、恢复和专利权人的姓名或名称、国籍、地址变更等事项记载在专利登记簿上。

局长 田力普

中华人民共和国国家知识产权局

2009年10月28日

第 1 页（共 1 页）

图 7-29　实用新型专利证书

第8章
Chapter8

结合专利申请的产品设计教学实践

8.1 结合外观专利申请教学方法的优势

作为产品造型设计专业最核心的产品设计课程，包含产品设计程序、产品改良设计、产品概念设计、产品语意设计、系列产品设计和毕业设计几个子课程。其教学方法原来是在课程中作为教师布置的虚拟项目。现在改为在教学中就可以结合专利申请，特别是结合外观专利的申请这个方式进行教学，这样的做法有许多优势。

8.1.1 培养学生的创新能力

创造性教育的融入，是使得产品设计课程的内容有一个具体的联结自我和实现的工具。长期以来，学生的学习是以所学习的专业为媒介，在校学习真正获得的是学习的能力，而知识作为载体给予学生的是专业的思维。在融入专利申请的产品设计课程教学中不仅要求改变学生的心理和自我角色的定位，同时在课程讲授时也要将创造性教育融入到教学中，使所有学生具有较强的创新意识，并且通过创造性教育使得学生在阅读和检索专利时，了解别人专利的权利要求书的创新点所在，从自我创新的角度来理解和检索专利文献，这样使学生可以对专利的灵感、起点和专利的自我研发、保护及检索有立体的了解（专利从头到尾的过程均有深刻具体的理解）。

结合专利申请后，这种创造性的启发使得产品设计课程的学习者有一种自我认同感和自我成就感，也使得该课程具有更大的现实意义。除了2003年以外，从《中华人民共和国专利法》实施至今，在我国的专利总量中，国外的发明专利远多于国内的发明专利。而国内绝大多数专利是实用新型和外观设计专利，很多实用新型的专利特别是外观设计专利不是很复杂。不少在校学生都有机会赢得多项该类专利（主要是外观专利）的能力，由于复杂程度不高，其核心是创新点灵感的捕捉，而该灵感恰恰来源于创造性思维的结果，因此创造性教育能使学生发现创造离自己的生活并不遥远。再加上课程教学本身就是要培养学生具有创新意识，设计出与众不同的外观的产品，所以使得与课程结合的外观专利设计有了可以依托的平台。由于有创造性的思维而实现的外观专利又有专利知识学习中定位的调整，使得学生知道如何自我保护和如何防止被侵权，同时也知道专利文书的书写方式，从而在专利的实现和检索中得到认可。因为专利有法律的认可结果（证书），又是学生学习与实践相结合的产物，所以学生通过申请专利能产生很强的自我成就感。这样在产品设计课程的学习中可将其所学的知识有效地串并起来，使其所学的知识结构和学生的能力有较大的提高。结合专利申请的产品设计课程的创造性教育，使每个人都有申请专利的能力和机会，而专利的申请和授权能够大大提高学生的自我成就感和自我认同感，同时创造性教育使得产品设计课程的学习变得具体并富有趣味性。

8.1.2 加强实践能力训练

结合专利申请的产品设计教学可以让学生了解实际产品，甚至与企业合作，帮助企业设计实际产品，申请外观专利，实现多赢；做到了“实题实做”，使学生在工作中学习设计，在专利申请中为企业创造实际效益。这样的课程教学还可以延续到毕业实习、毕业设计中，在毕业答辩时既能见到学生的实际设计作品，又能见到学生申请的专利。这样不仅摆脱了“压缩型”、“三段式”教学，还突出了实践教学，强化应用能力和动手能力的培养，以实践教学促进能力的提高，使学生毕业后能够胜任与所学专业相关的实际工作。

8.1.3 拓展就业能力

针对目前学生就业较困难的局面，作为产品设计课程的专业教师，应鼓励学生多进行专利申请，通过拥有专利提高学生就业之前的创新能力和较为容易被企业认可的实践能力。对于将要到企业去工作的学生来说，多项发明的证书比单纯优良的成绩更受企业欢迎。我们知道，企业的生存能力是其产品的市场认可程度，而好的产品，特别是含有创新技术和独特外观的新产品，其本质上是其创新点，而企业聘用创新能力较强的人员就意味着给企业带来巨大的潜在利润，因此以专利来说明创新能力远比用成绩来说明自己的能力更有说服力，尤其目前面临高校扩招后的就业压力，作为学生来说，如果是有专利的学生则意味是有创新意识的学生，这样该学生今后的就业机会大大增加。可以说，毕业生仅凭文凭和分数来证明自己能力，这是远远不够的，而在现实中，学生的专利仅限是应用，设计和尝试完整的申请过程就能赋予学生更多的社会生存技能（尤其学生开发了某项市场前景较好的专利设计时，创业的机会大大增加）。

8.1.4 提供好的学习方法

给学生提供较好的自我学习和拓展的机会。目前学生的学习大都是被动式的学习，关于学习知识的综合性的应用则需要更广泛的知识背景，仅以某门课程的高分是根本不够用的，这就需要进行大量知识的检索和信息筛选，对陌生的知识的利用过程，就是学生自我学习和知识拓展最好的机会，这就是学生源于所学习知识的专利的研发和学习的现实意义。学生通过检索、申请专利可以掌握自学方法，并可以将这样的方法应用到其他课程的学习中去。

8.2 产品设计课程中专利申请的切入点

结合专利的申请是在做设计时有目的地将设计后的产品通过专利申请变成可以实现的知识产权，并成为衡量学生实践能力的一个量化标准，变成企业实现经济利润的第一步。具体的方法需要结合产品设计的方法来完成。

8.3 设计实践

前面已经对产品设计课程中结合专利申请的优点和切入点进行了分析研究，之后便可以将其应用于产品设计课程设计实践中。

8.3.1 在课程教学内容中加入专利内容

在产品语意学、概念产品设计等课程中，引导学生利用语意设计茶具产品。

1. 茶盘（A）

设计：何凌帆。

用途：本产品用于在喝茶时放置茶具和茶杯。

设计要点：茶盘的外形设计（见图 8-1）。

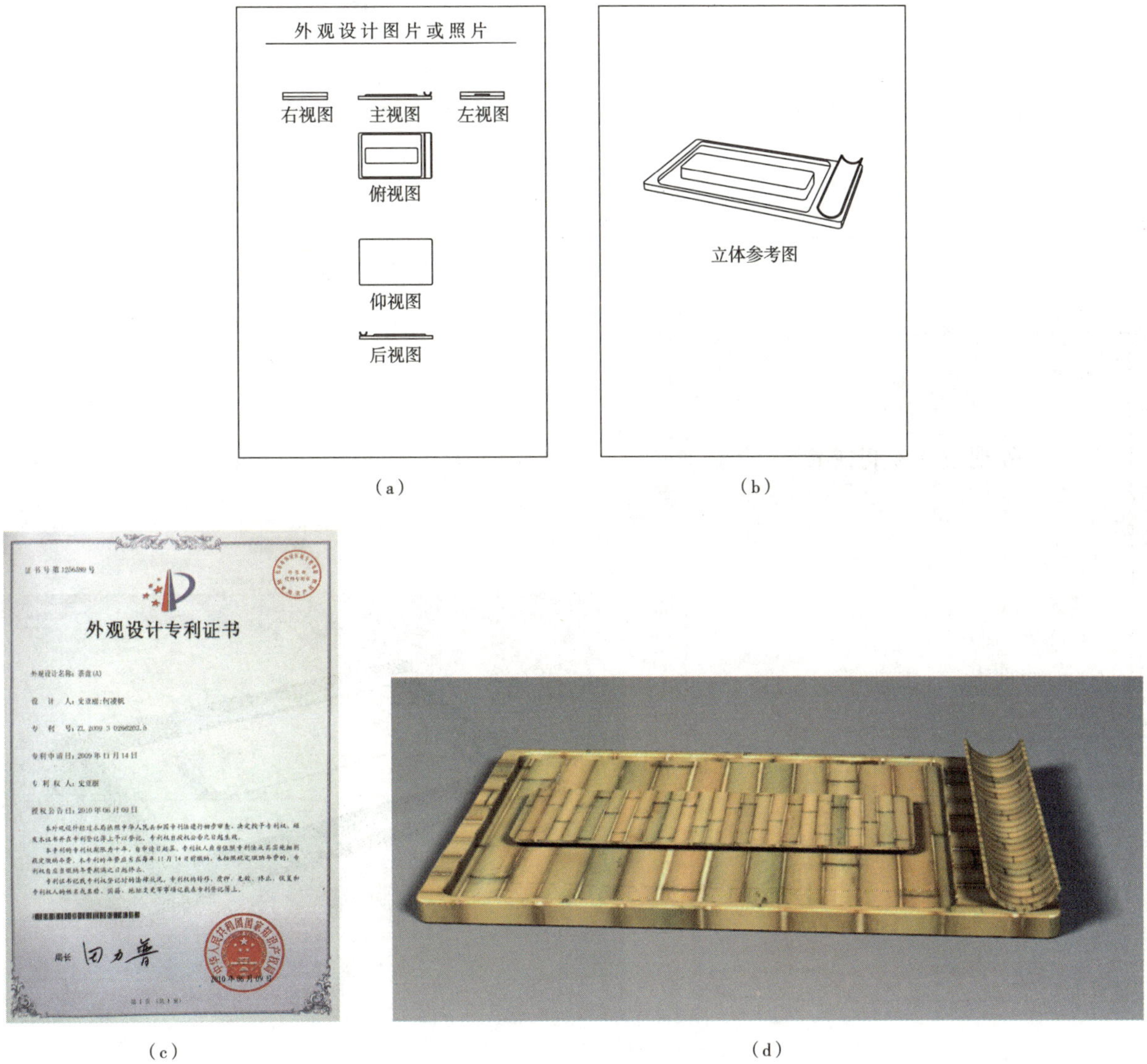

图 8-1 茶盘（A）

(a) 茶盘设计六视图；(b) 茶盘设计立体图；(c) 外观设计专利证书；(d) 茶盘效果图

2. 茶盘（B）

设计：何凌帆。

用途：本产品用于在喝茶时放置茶具和茶杯。

设计要点：茶盘的外形设计（见图 8–2）。

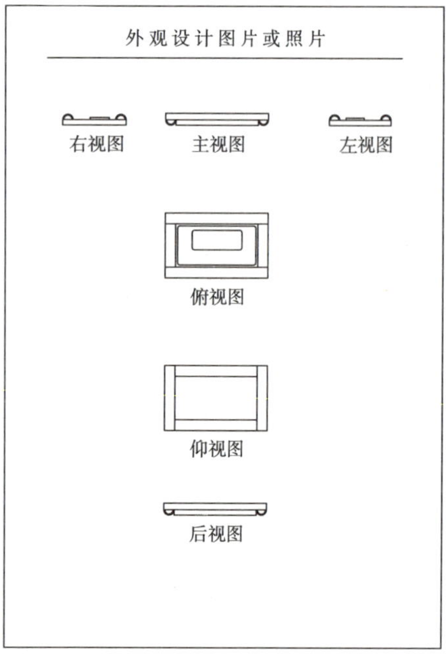

（a）

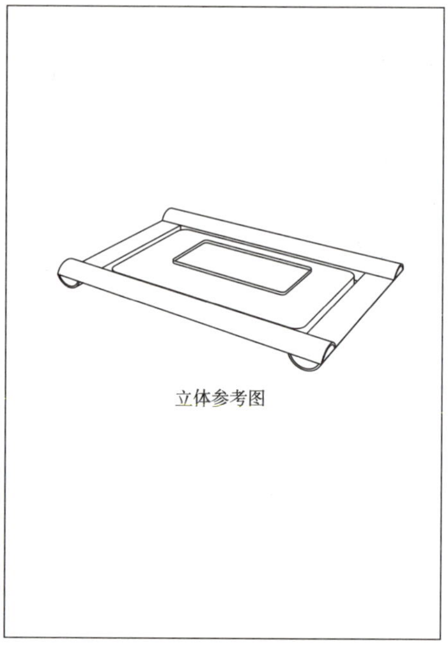

（b）

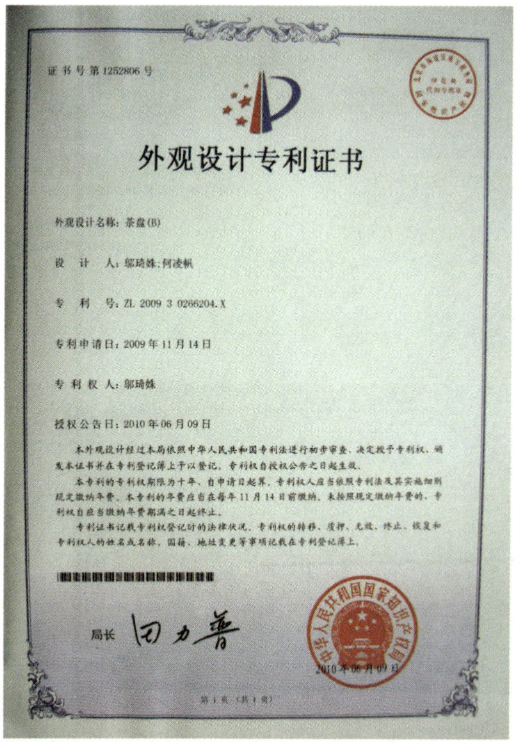

证书号第1252806号

外观设计专利证书

外观设计名称：茶盘(B)

设　计　人：邬琦姝；何凌帆

专　利　号：ZL 2009 3 0266204.X

专利申请日：2009 年 11 月 14 日

专 利 权 人：邬琦姝

授权公告日：2010 年 06 月 09 日

本外观设计经过本局依照中华人民共和国专利法进行初步审查，决定授予专利权，颁发本证书并在专利登记簿上予以登记。专利权自授权公告之日起生效。

本专利的专利权期限为十年，自申请日起算。专利权人应当依照专利法及其实施细则规定缴纳年费。本专利的年费应当在每年 11 月 14 日前缴纳。未按照规定缴纳年费的，专利权自应当缴纳年费期满之日起终止。

专利证书记载专利权登记时的法律状况。专利权的转移、质押、无效、终止、恢复和专利权人的姓名或名称、国籍、地址变更等事项记载在专利登记簿上。

局长 田力普

中华人民共和国国家知识产权局

2010 年 06 月 09 日

第 1 页（共 1 页）

（c）

（d）

图 8–2　茶盘（B）

（a）茶盘设计六视图；（b）茶盘设计立体图；（c）外观设计专利证书；（d）茶盘效果图

3. 茶叶罐

设计：方玲。

用途：本产品用于在喝茶时放置茶叶。

设计要点：茶叶罐的外形设计（见图 8-3）。

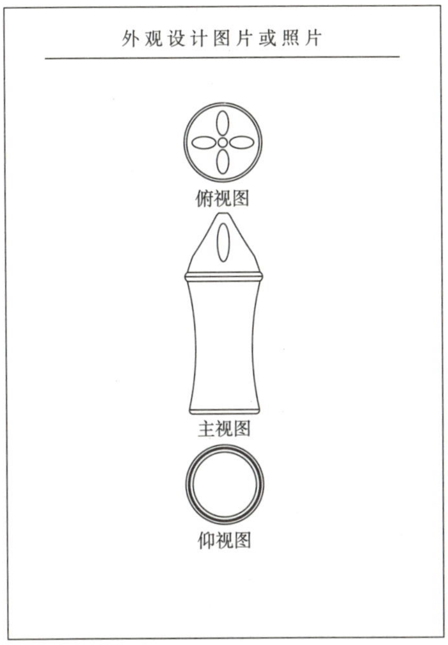

（a）

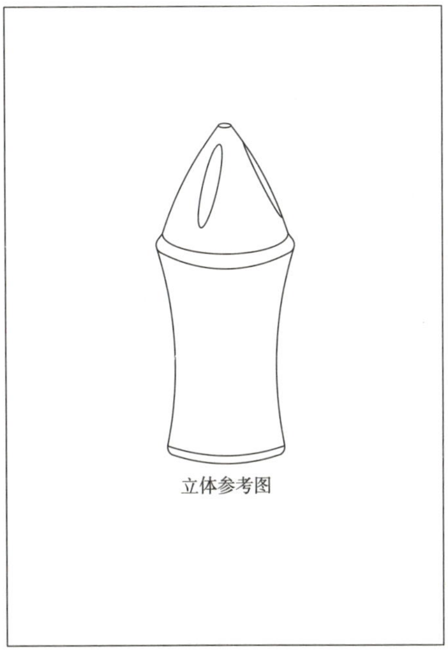

（b）

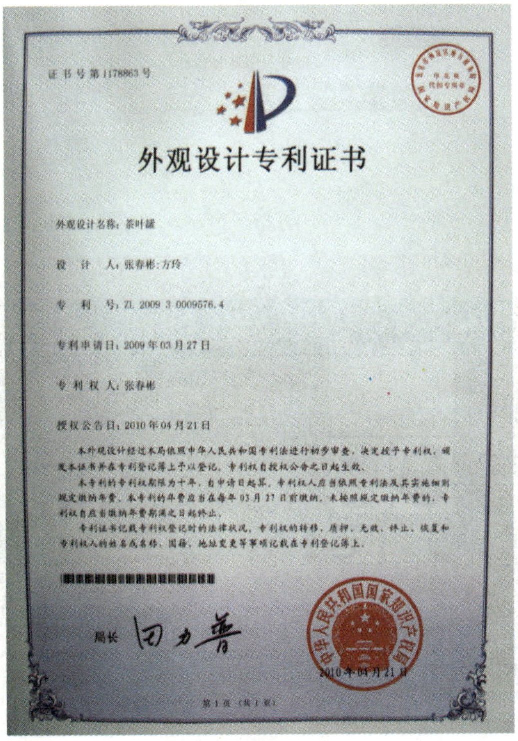

证书号第1178863号

外观设计专利证书

外观设计名称：茶叶罐

设 计 人：张春彬;方玲

专 利 号：ZL 2009 3 0009576.4

专利申请日：2009年03月27日

专利权人：张春彬

授权公告日：2010年04月21日

本外观设计经过本局依照中华人民共和国专利法进行初步审查，决定授予专利权，颁发本证书并在专利登记簿上予以登记。专利权自授权公告之日起生效。

本专利的专利权期限为十年，自申请日起算。专利权人应当依照专利法及其实施细则规定缴纳年费。本专利的年费应当在每年03月27日前缴纳。未按照规定缴纳年费的，专利权自应当缴纳年费期满之日起终止。

专利证书记载专利权登记时的法律状况。专利权的转移、质押、无效、终止、恢复和专利权人的姓名或名称、国籍、地址变更等事项记载在专利登记簿上。

局长 田力普

中华人民共和国国家知识产权局

2010年04月21日

第1页（共1页）

（c）

（d）

图 8-3　茶叶罐

（a）茶叶罐设计六视图；（b）茶叶罐设计立体图；（c）外观设计专利证书；（d）茶叶罐设计说明

4. 垃圾桶

设计：张莉。

用途：本产品放置在桌子上用于装小件垃圾。

设计要点：不倒翁式垃圾桶的外形设计（见图 8-4）。

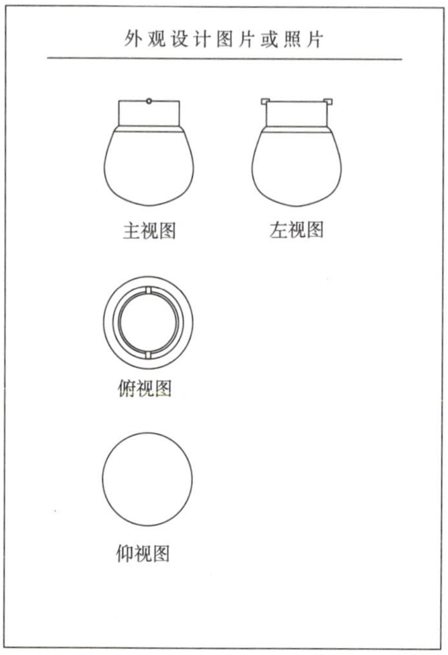

（a）

（b）

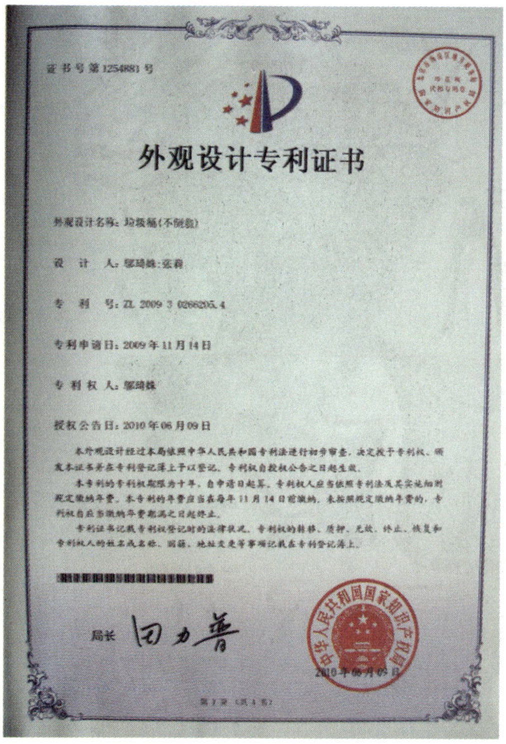

证书号第1254881号

外观设计专利证书

外观设计名称：垃圾桶(不倒翁)

设　计　人：邬琦姝;张莉

专　利　号：ZL 2009 3 0266205.4

专利申请日：2009年11月14日

专 利 权 人：邬琦姝

授权公告日：2010年06月09日

本外观设计经过本局依照中华人民共和国专利法进行初步审查，决定授予专利权，颁发本证书并在专利登记簿上予以登记。专利权自授权公告之日起生效。

本专利的专利权期限为十年，自申请日起算。专利权人应当依照专利法及其实施细则规定缴纳年费。本专利的年费应当在每年11月14日前缴纳。未按照规定缴纳年费的，专利权自应当缴纳年费期满之日起终止。

专利证书记载专利权登记时的法律状况。专利权的转移、质押、无效、终止、恢复和专利权人的姓名或名称、国籍、地址变更等事项记载在专利登记簿上。

局长 田力普

2010年06月09日

（c）

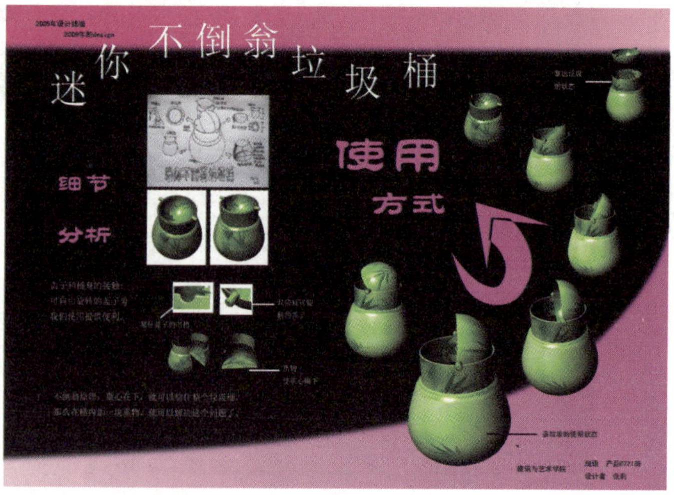

（d）

图 8-4　不倒翁式垃圾桶

（a）垃圾桶设计六视图；（b）垃圾桶设计立体图；（c）外观设计专利证书；（d）垃圾桶设计效果图

8.3.2 在专业课程中结合“大师杯赛”的专利申请进行教学

1. 筷子

设计：翁剑雄。

用途：本产品是用于就餐时供人夹菜。

设计说明：本产品的创新之处在于将骰子和筷子结合在一起，在觥筹交错中，可以供使用者娱乐。既有宴席酣之乐，亦恰乎古人引流觞为曲水之情绪。

该设计获得了大师杯赛优胜奖（见图 8-5）。

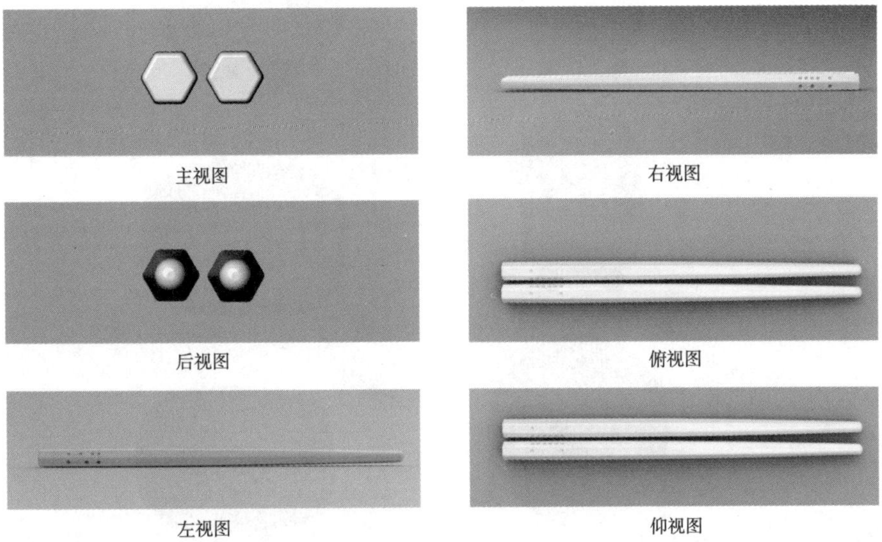

（a）

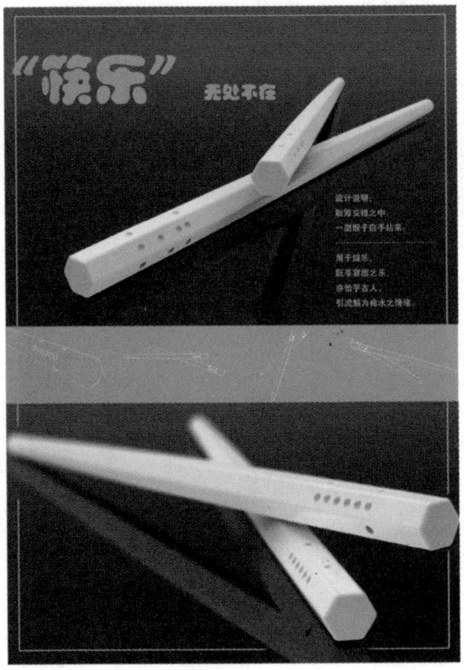

（b）

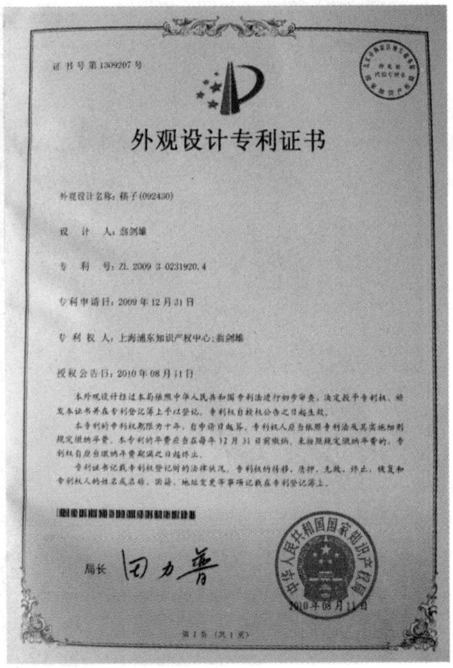

（c）

图 8-5 筷子

（a）筷子设计六视图；（b）筷子设计说明；（c）外观设计专利证书

2. 个人乘用车

设计：薛慧春。

用途：本产品用于个人乘用。

设计说明：这是一款家庭个人乘用车的设计。外形简约明了，主要用于个人上下班。其小巧灵活的设计适合在日益繁忙的城市交通中运行，有效缓解交通拥堵（见图 8-6）。

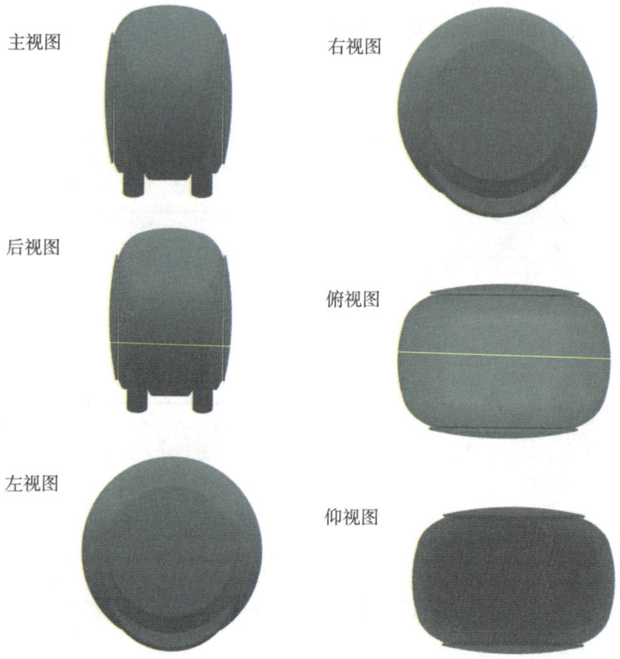

（a）

（b）

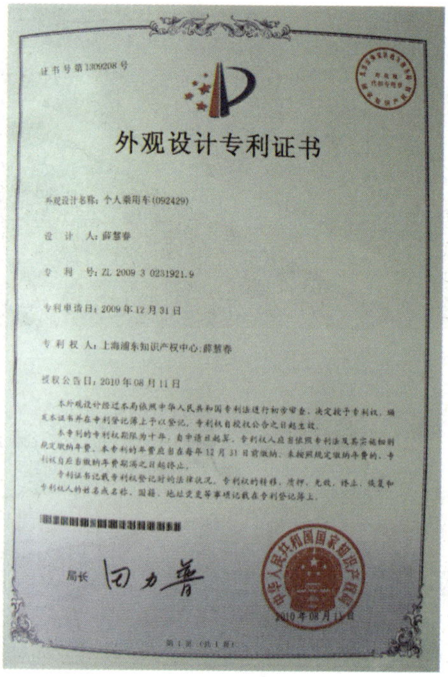

证书号第1309208号

外观设计专利证书

外观设计名称：个人乘用车(092429)

设　计　人：薛慧春

专　利　号：ZL 2009 3 0231921.9

专利申请日：2009年12月31日

专利权人：上海浦东知识产权中心;薛慧春

授权公告日：2010年08月11日

本外观设计经过本局依照中华人民共和国专利法进行初步审查，决定授予专利权，颁发本证书并在专利登记簿上予以登记。专利权自授权公告之日起生效。

本专利的专利权期限为十年，自申请日起算。专利权人应当依照专利法及其实施细则规定缴纳年费。本专利的年费应当在每年12月31日前缴纳。未按照规定缴纳年费的，专利权自应当缴纳年费期满之日起终止。

专利证书记载专利权登记时的法律状况。专利权的转移、质押、无效、终止、恢复和专利权人的姓名或名称、国籍、地址变更等事项记载在专利登记簿上。

局长　田力普

2010年08月11日

第1页（共1页）

（c）

图 8-6　个人乘用车

（a）个人乘用车设计六视图；（b）个人乘用车设计说明；（c）外观设计专利证书

3. 垃圾桶

设计：周玉佩。

用途：本产品是用于盛装垃圾。

设计说明：这款垃圾桶完美流畅的曲线，简约时尚的外形，体现现代科技感。垃圾桶前端的按钮能够识别条码线，从而拒绝污染物投入其内（见图 8-7）。

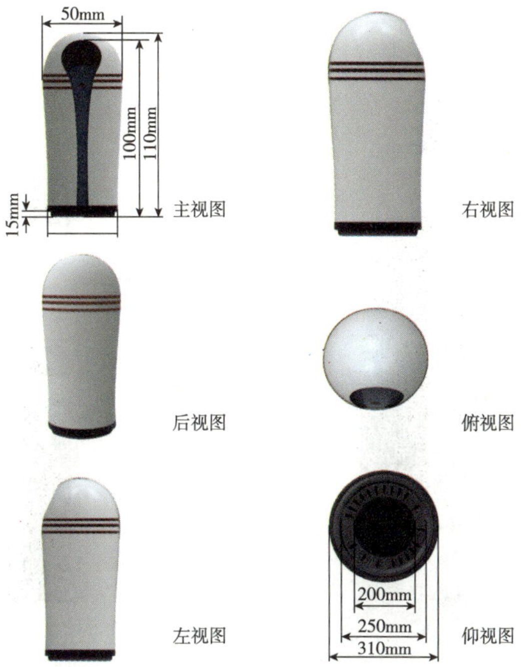

（a）

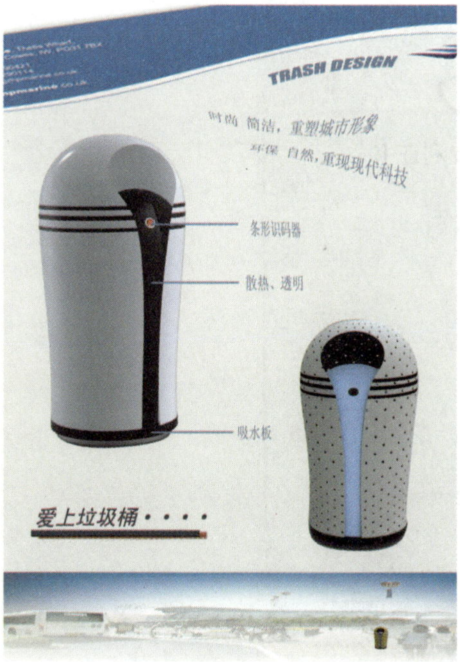

（b）

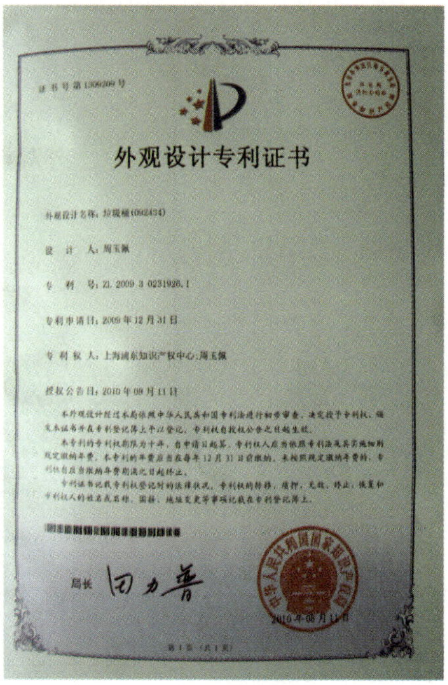
外观设计专利证书

外观设计名称：垃圾桶(092434)

设计人：周玉佩

专利号：ZL 2009 3 0231926.1

专利申请日：2009年12月31日

专利权人：上海浦东知识产权中心;周玉佩

授权公告日：2010年08月11日

局长 田力普

（c）

图 8-7　垃圾桶

（a）垃圾桶设计六视图；（b）垃圾桶设计说明；（c）外观设计专利证书

4. 暖风机

设计：祝丽红。

用途：本产品用于使空气变暖。

设计说明：精简的造型设计，体现产品超薄的概念，触摸屏的设计更显尊贵，大的出风口设计能更加迎合使用者的需求（见图 8-8）。

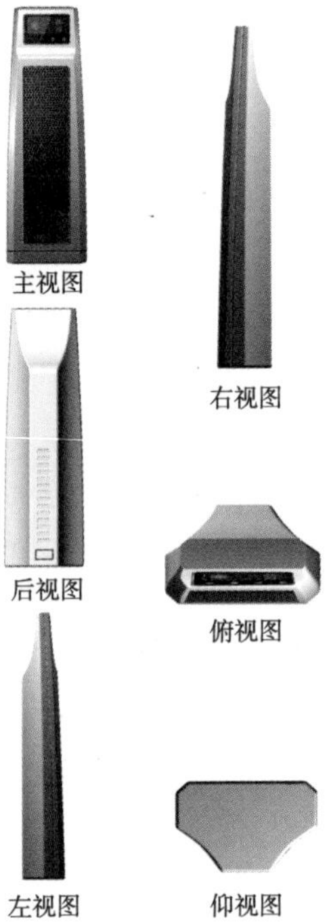

（a）

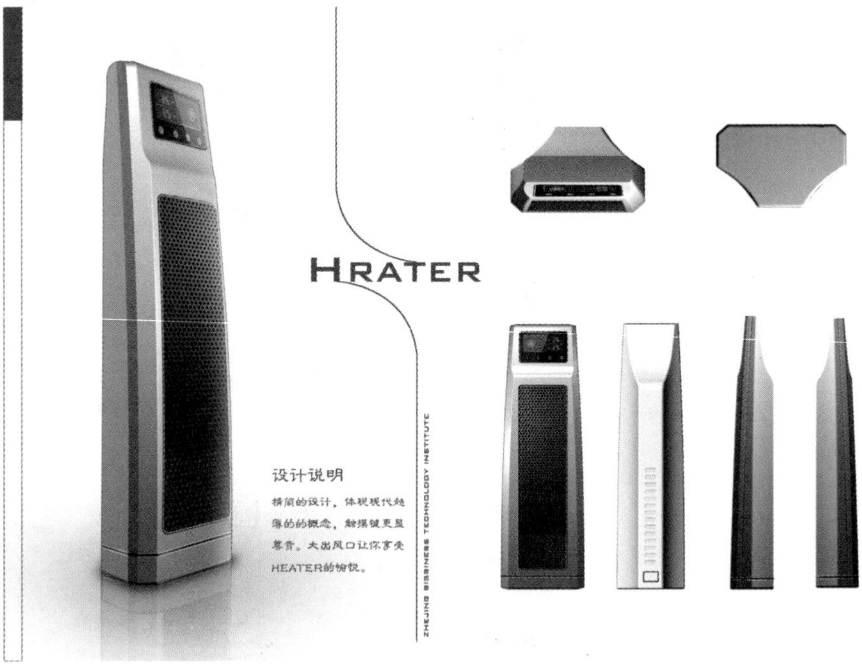

（b）

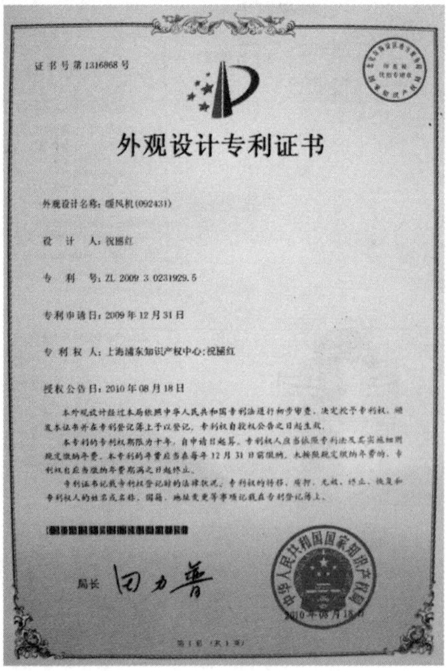

证书号第1316868号

外观设计专利证书

外观设计名称：暖风机(092431)

设　计　人：祝丽红

专　利　号：ZL 2009 3 0231929.5

专利申请日：2009年12月31日

专 利 权 人：上海浦东知识产权中心;祝丽红

授权公告日：2010年08月18日

本外观设计经过本局依照中华人民共和国专利法进行初步审查，决定授予专利权，颁发本证书并在专利登记簿上予以登记。专利权自授权公告之日起生效。

本专利的专利权期限为十年，自申请日起算。专利权人应当依照专利法及其实施细则规定缴纳年费。本专利的年费应当在每年12月31日前缴纳。未按照规定缴纳年费的，专利权自应当缴纳年费期满之日起终止。

专利证书记载专利权登记时的法律状况。专利权的转移、质押、无效、终止、恢复和专利权人的姓名或名称、国籍、地址变更等事项记载在专利登记簿上。

局长 田力普

（c）

图 8-8　暖风机

（a）暖风机设计六视图；（b）暖风机设计说明；（c）外观设计专利证书

8.3.3 为企业设计专利产品

1. 为宁海荣发机电厂设计的专利产品

该企业的情况在第 6 章中已有介绍，这里重点介绍该企业的几款产品。

（1）LED 手电筒。

用途：本产品用于照明。

设计要点：手电筒夹子可以 360° 旋转（见图 8-9）。

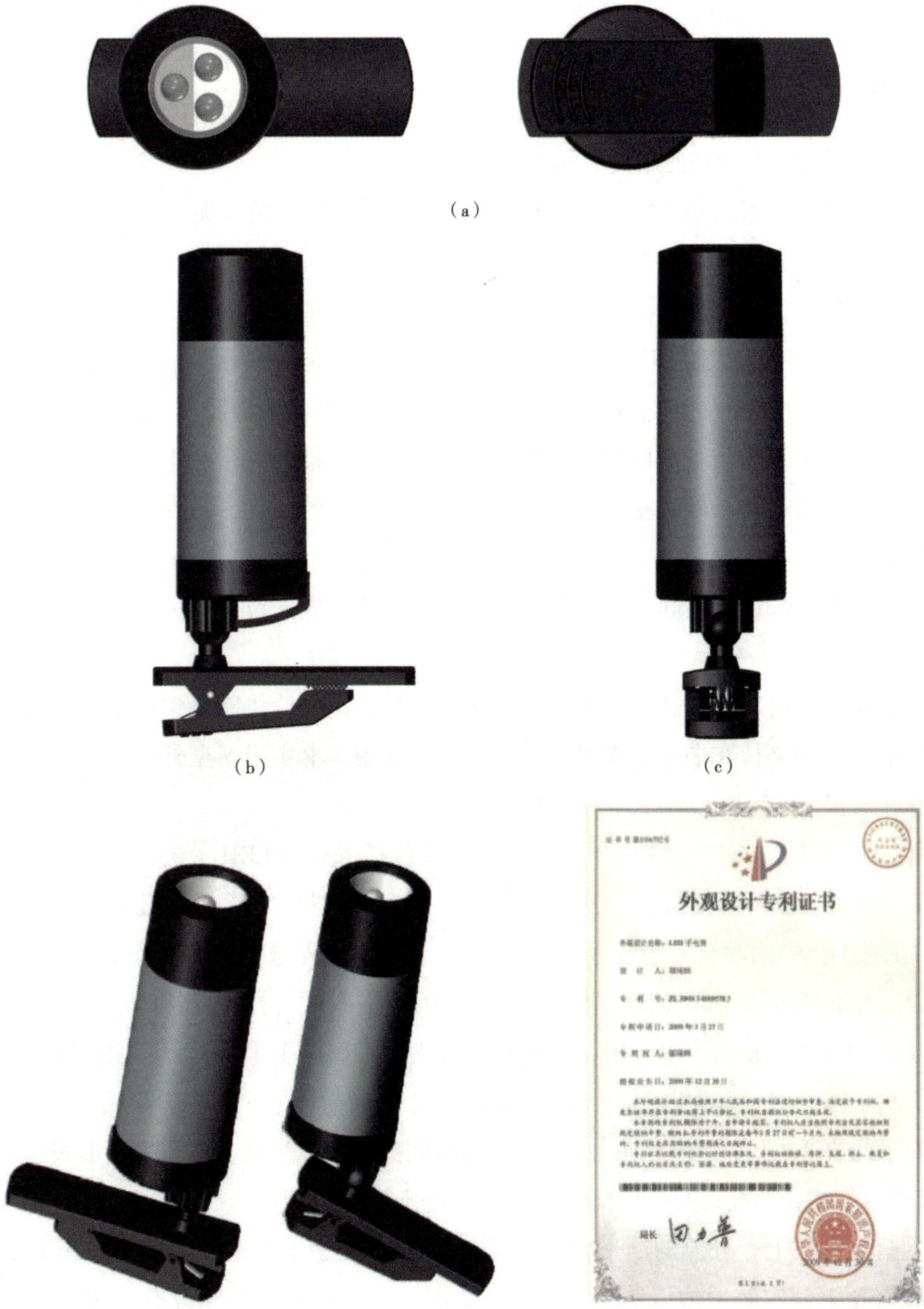

（a）

（b）　（c）

（d）　（e）

图 8-9　LED 手电筒

（a）俯视图，仰视图；（b）主视图；（c）左视图；（d）立体图；（e）外观设计专利证书

（2）手电筒夹子。

1）技术领域。本实用新型设计是一款夹持LED手电筒的装置，具体地说是一种可以根据需要摆放或挂靠在不同场合使用，并能方便地旋转角度，以利明照的LED手电筒夹子。

2）技术背景。近年来，以LED作为光源的手电筒，由于其具有任何其他光源无法比拟的特点，光谱清晰、体积小、功耗省和使用寿命长，所以得到了广泛的应用。随着生活水平的提高，作为交通工具的汽车已走入普通百姓家，因此汽车维修事业也迅猛的发展，在晚上汽车需要维修时，常常会遇到有LED手电筒因使用不便而无法操作的问题。此外，由于人们远足进行户外郊游的机会增多，因此在夜间或者黑暗的地方使用LED手电的机会也增多了。但是目前市场上此类小型轻巧的带夹子的LED手电筒几乎没有，因此人们期盼开发一种夹子与LED手电筒配套，以方便LED手电筒的携带和使用。

3）实用新型内容。实用新型设计的目的在于针对上述现有技术的缺陷和不足，为社会提供一种体积小巧、结构简单、携带方便和使用灵活的LED手电筒夹子。

为实现上述目的，实用新型夹持手电筒所采用的技术措施为：用于夹持LED手电筒的夹子由上盖与下托组成的夹持体和夹子形底座两部分组成，上盖呈U形，下托呈弓形，上盖与下托的一端由铰链活动相连，上盖的另一活动端部有凸台，它与下托外壁上的阻尼条相扣合，下托与底座上平面通过销轴活动相连，以使夹持体能绕轴旋转360°。

夹持体的上盖与下托的中心部分开有凹槽，在凹槽中镶嵌有防滑橡胶。

夹子形底座是由上平面与下平面互相弯折而成，是具有弹性的夹子，上、下平面的活动端设有相对的凸块，以利于夹持。夹子形底座的下平面上设有大小不同的两孔，该孔可以与圆孔和长腰孔相结合，以利于挂钩。

夹持体的下托的底部设有突起，夹子形底座的上平面相对应处设有阻尼条，以利于夹持体绕轴旋转和定位。

实用新型夹持手电筒后可按需要摆放、挂靠在不同场合，夹持体能绕销轴旋转，各方位都能照明使用。夹子形底座还能夹持在书本、衣服等处，以方便使用。本实用新型外形美观、体积小、结构简单、使用方便，值得推广使用。

4）具体实施方法。如图8-10（c）所示，本设计包括由夹持LED手电筒的上盖1与下托2组成的夹持体和夹子形底座3两部分组成。上盖1呈"U"形，下托呈"弓"形，上盖与下托的一端由铰链4活动相连，上盖的另一活动端内侧设有凸台7，该凸台与下托外壁上的阻尼条6相对应，组成了锁定和开启的装置。在夹持体的上盖与下托两中心部分设有凹槽，在凹槽内镶嵌有防滑橡胶5。夹子形底座3的上平面与夹持体的下托通过销轴10活动相连，在夹子形底座上平面上设有阻尼条，在下托的底部设有凸起，以利于作360°转动和定位。夹子形底座的上平面与下平面互相折弯成为一整体，上平面上的一端设有向下凸块8，下平面设有向上凸块9，两端间具有弹性呈夹子状。夹子形底座下平面上分别设有大孔11和小孔12，两孔为圆孔与长腰孔相结合的组合体，以利于挂钩。

使用时，只要拿住上盖外侧的凸平台向上提起，把LED手电筒放到呈"弓"形的下托上，然后放下上盖，轻轻压下锁定装置加以锁定。接着，按需要可将底座下平面设有的两孔与中的任一孔挂靠在所需场合的挂钩上，或放在固定位置上，也可用底座上的由上下平面组成的夹子夹在衣服或书本上。同时，还可以再转动夹持体，调整角度，以达到最佳照明状态。不用时，可同样拿住上盖外侧的凸平台向上提起，把 LED 手电筒从呈“弓”形的下托中取出，然后放下上盖轻轻压下锁定装置加以锁定。

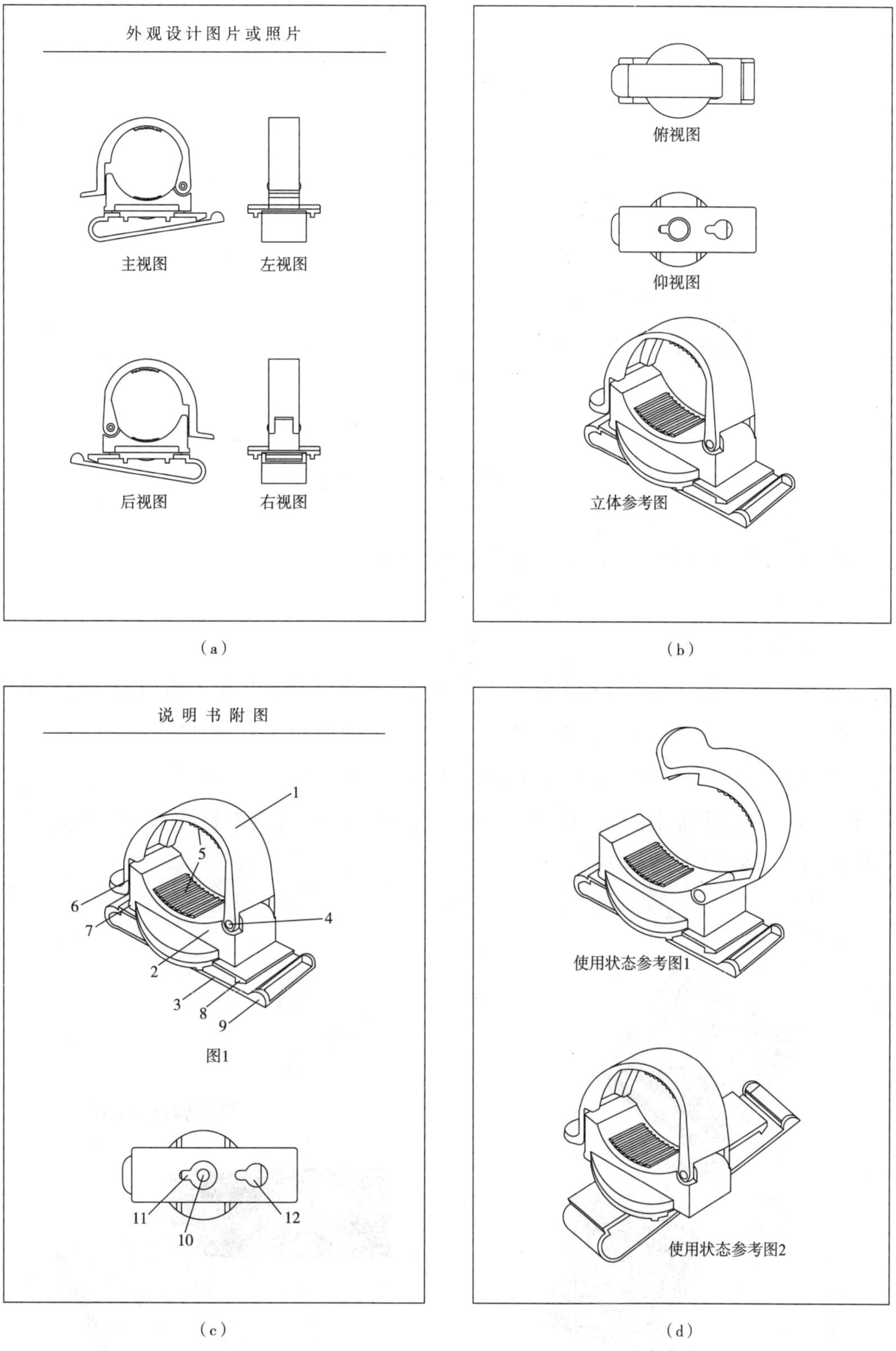

图 8-10　LED 手电筒夹子

（a）主视图、左视图、后视图和右视图；（b）俯视图、仰视图和立体参考图；（c）结构示意图；（d）使用状态参考图

1—上盖；2—下托；3—底座；4—铰链；5—防滑橡胶；6—阻尼条；7—凸台；8—向下凸块；9—上凸块；10—销轴；11—大孔；12—小孔

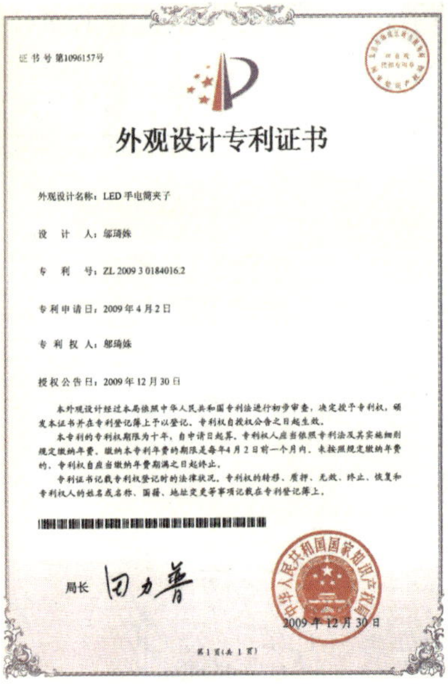
证书号第1096157号

外观设计专利证书

外观设计名称：LED 手电筒夹子

设　计　人：邬琦姝

专　利　号：ZL 2009 3 0184016.2

专利申请日：2009 年 4 月 2 日

专利权人：邬琦姝

授权公告日：2009 年 12 月 30 日

本外观设计经过本局依照中华人民共和国专利法进行初步审查，决定授予专利权，颁发本证书并在专利登记簿上予以登记。专利权自授权公告之日起生效。

本专利的专利权期限为十年，自申请日起算。专利权人应当依照专利法及其实施细则规定缴纳年费。缴纳本专利年费的期限是每年4月2日前一个月内。未按照规定缴纳年费的，专利权自应当缴纳年费期满之日起终止。

专利证书记载专利权登记时的法律状况。专利权的转移、质押、无效、终止、恢复和专利权人的姓名或名称、国籍、地址变更等事项记载在专利登记簿上。

局长　田力普

2009 年 12 月 30 日

（a）

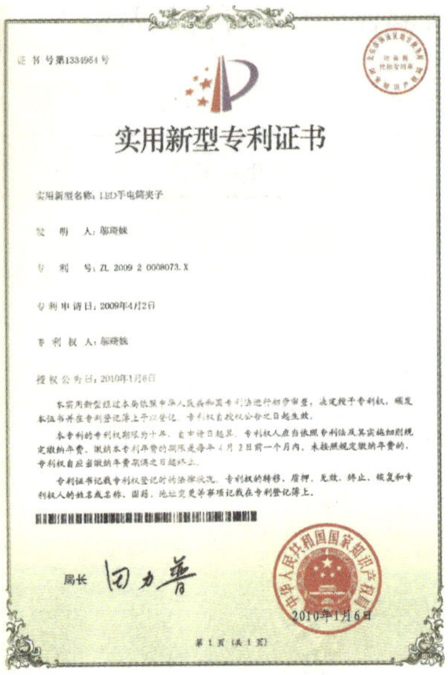
证书号第1334954号

实用新型专利证书

实用新型名称：LED手电筒夹子

发　明　人：邬琦姝

专　利　号：ZL 2009 2 0008073. X

专利申请日：2009年4月2日

专利权人：邬琦姝

授权公告日：2010年1月6日

本实用新型经过本局依照中华人民共和国专利法进行初步审查，决定授予专利权，颁发本证书并在专利登记簿上予以登记。专利权自授权公告之日起生效。

本专利的专利权期限为十年，自申请日起算。专利权人应当依照专利法及其实施细则规定缴纳年费。缴纳本专利年费的期限是每年4月2日前一个月内。未按照规定缴纳年费的，专利权自应当缴纳年费期满之日起终止。

专利证书记载专利权登记时的法律状况。专利权的转移、质押、无效、终止、恢复和专利权人的姓名或名称、国籍、地址变更等事项记载在专利登记簿上。

局长　田力普

2010年1月6日

（b）

图 8-11　LED 手电筒夹子专利证书

（a）外观设计专利证书；（b）实用新型专利证书

2. 为宁波江北德波尔电器有限公司设计专利感应灯系列

高校产学研案例——系列 LED 感应夜灯设计。

（1）主要成果介绍。

1）该系列的 LED 感应灯是设计者在教师指导下与宁波江北德波尔电器有限公司合作开发的（见图 8-12、图 8-13、图 8-16、图 8-17、图 8-19 ~ 图 8-21、图 8-24 ~ 图 8-27）。

2）设计了多款产品，其中有 6 款产品在 2011 年 1 月 27 日申请了外观专利，并于 2011 年 3 月 16 日被授权。现已与企业达成转让意向，在专利证书正式下发后将于企业签订专利转让协议（见图 8-14、图 8-15、图 8-18、图 8-22 和图 8-23）。

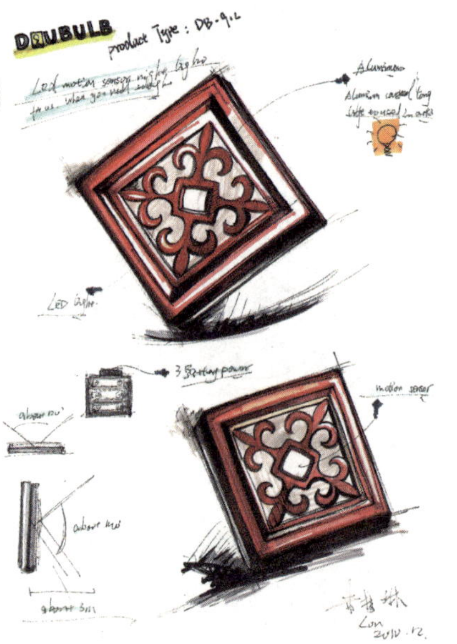

图 8-12　LED 感应夜灯 A 手绘图

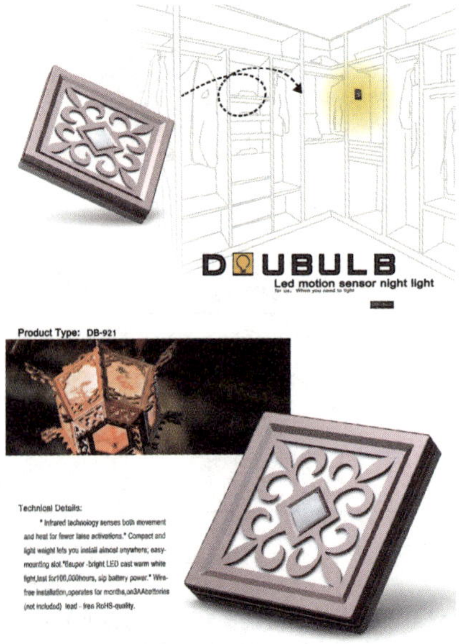

图 8-13　LED 感应夜灯 A 产品效果图

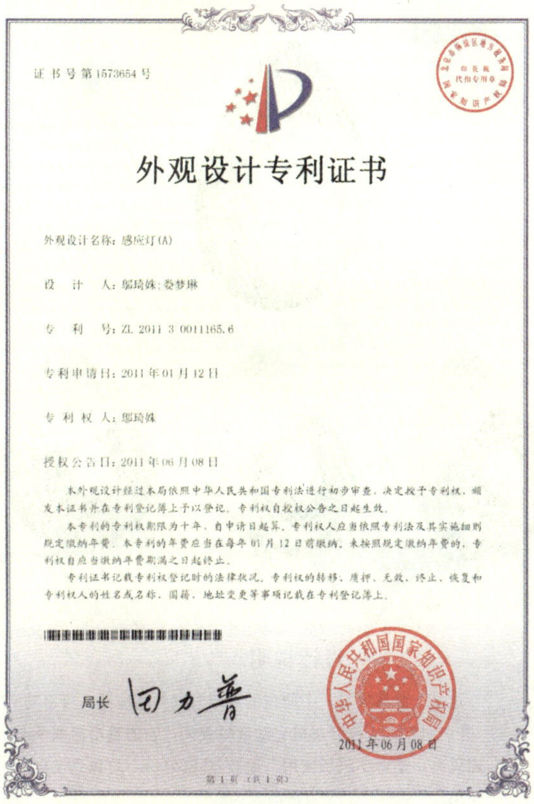
证书号第1573654号

外观设计专利证书

外观设计名称：感应灯(A)

设　计　人：邬琦姝；娄梦琳

专　利　号：ZL 2011 3 0011165.6

专利申请日：2011年01月12日

专利权人：邬琦姝

授权公告日：2011年06月08日

本外观设计经过本局依照中华人民共和国专利法进行初步审查，决定授予专利权，颁发本证书并在专利登记簿上予以登记。专利权自授权公告之日起生效。

本专利的专利权期限为十年，自申请日起算。专利权人应当依照专利法及其实施细则规定缴纳年费。本专利的年费应当在每年01月12日前缴纳。未按照规定缴纳年费的，专利权自应当缴纳年费期满之日起终止。

专利证书记载专利权登记时的法律状况。专利权的转移、质押、无效、终止、恢复和专利权人的姓名或名称、国籍、地址变更等事项记载在专利登记簿上。

局长 田力普

2011年06月08日

第1页（共1页）

图 8–14　LED 感应夜灯 A 外观专利证书

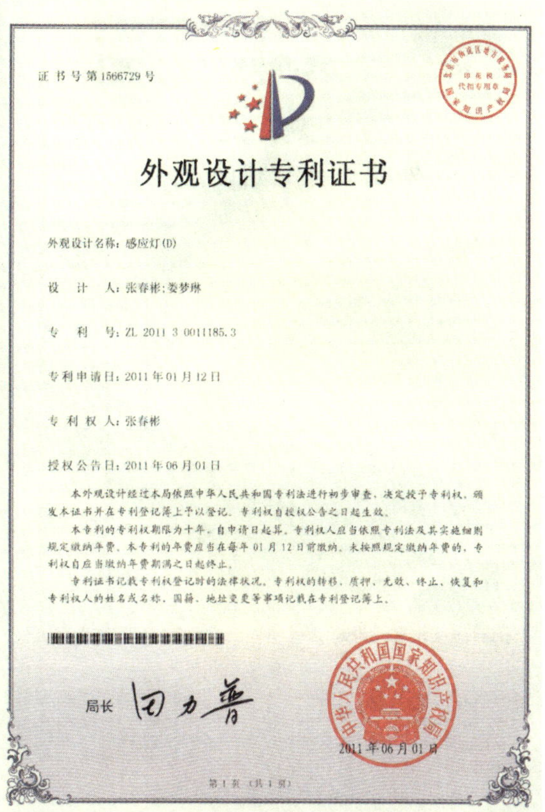
证书号第1566729号

外观设计专利证书

外观设计名称：感应灯(D)

设　计　人：张春彬；娄梦琳

专　利　号：ZL 2011 3 0011185.3

专利申请日：2011年01月12日

专利权人：张春彬

授权公告日：2011年06月01日

本外观设计经过本局依照中华人民共和国专利法进行初步审查，决定授予专利权，颁发本证书并在专利登记簿上予以登记。专利权自授权公告之日起生效。

本专利的专利权期限为十年，自申请日起算。专利权人应当依照专利法及其实施细则规定缴纳年费。本专利的年费应当在每年01月12日前缴纳。未按照规定缴纳年费的，专利权自应当缴纳年费期满之日起终止。

专利证书记载专利权登记时的法律状况。专利权的转移、质押、无效、终止、恢复和专利权人的姓名或名称、国籍、地址变更等事项记载在专利登记簿上。

局长 田力普

2011年06月01日

第1页（共1页）

图 8–15　LED 感应夜灯 D 外观专利证书

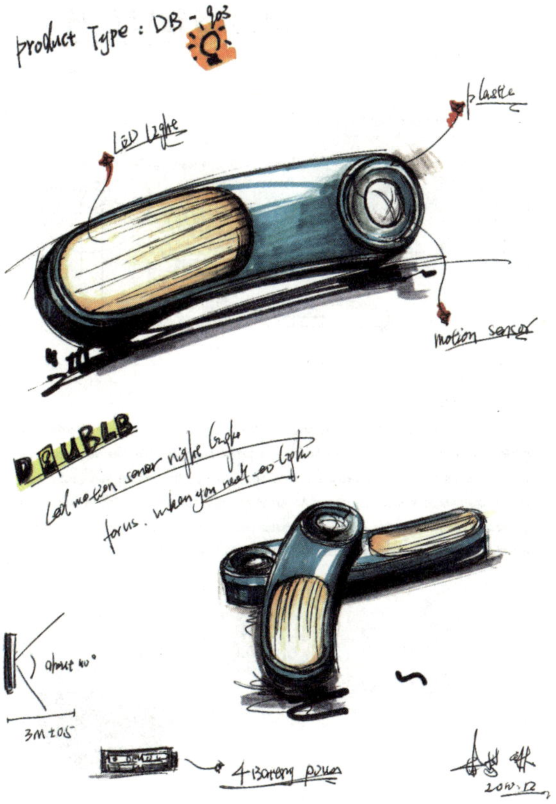

图 8–16　LED 感应夜灯 D 手绘图

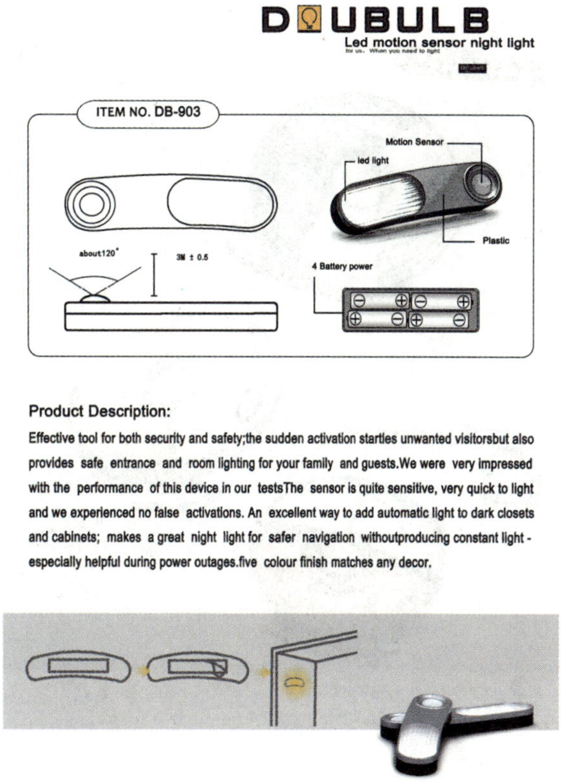

图 8–17　LED 感应夜灯 D 产品效果图

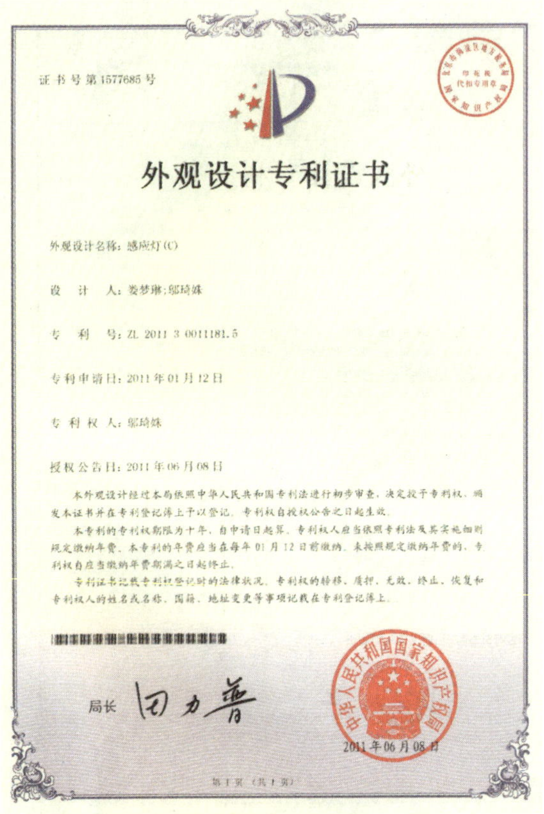
证书号第1577685号

外观设计专利证书

外观设计名称：感应灯(C)

设　计　人：娄梦琳;邬琦姝

专　利　号：ZL 2011 3 0011181.5

专利申请日：2011年01月12日

专 利 权 人：邬琦姝

授权公告日：2011年06月08日

本外观设计经过本局依照中华人民共和国专利法进行初步审查，决定授予专利权，颁发本证书并在专利登记簿上予以登记。专利权自授权公告之日起生效。

本专利的专利权期限为十年，自申请日起算。专利权人应当依照专利法及其实施细则规定缴纳年费。本专利的年费应当在每年01月12日前缴纳。未按照规定缴纳年费的，专利权自应当缴纳年费期满之日起终止。

专利证书记载专利权登记时的法律状况。专利权的转移、质押、无效、终止、恢复和专利权人的姓名或名称、国籍、地址变更等事项记载在专利登记簿上。

局长

中华人民共和国国家知识产权局

2011年06月08日

第1页（共1页）

图 8-18　LED 感应夜灯 C 外观专利证书

设计说明

这是一款感应灯，中间白色圆球为红外感应器，可自动开启照明，人离开后可自动延时关闭，它的造型提取于卡通玩具，适合小孩子使用，顶部有LED灯珠，可以当手电筒使用。

图 8-19　LED 感应夜灯 C 产品效果图

图 8-20　LED 感应夜灯 E 手绘图

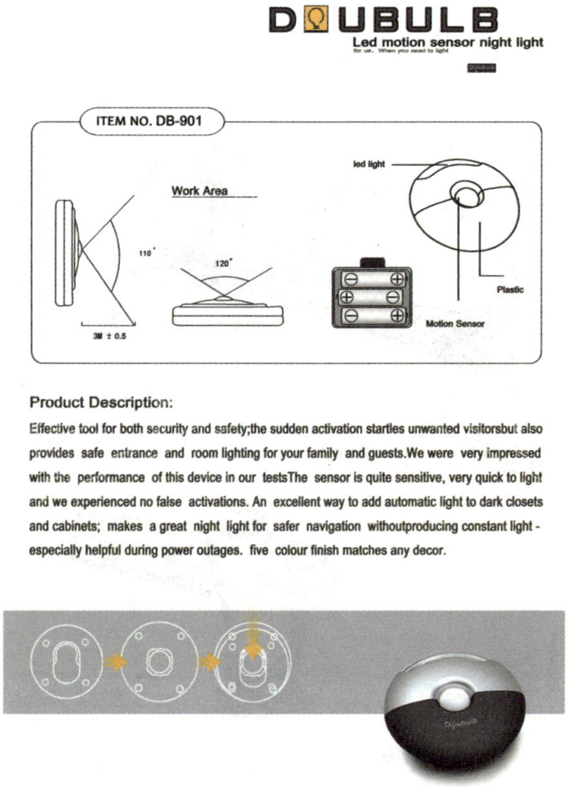

图 8-21　LED 感应夜灯 E 产品效果图

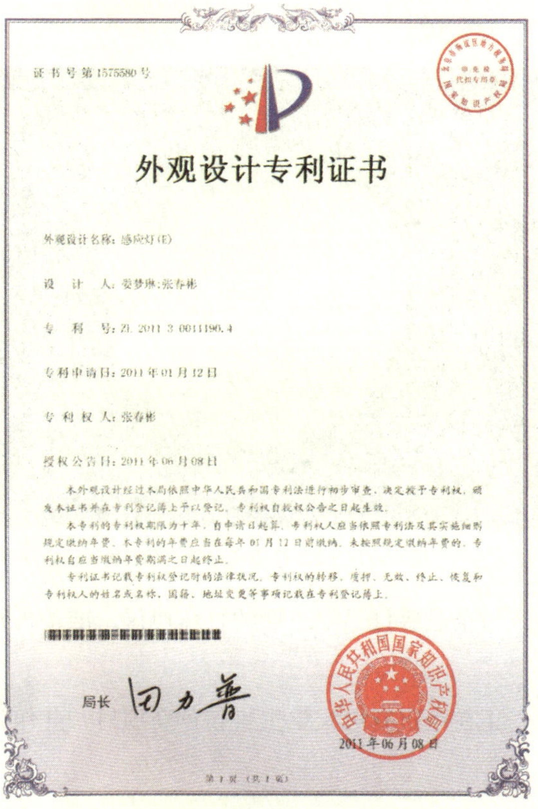

证书号第1575580号

外观设计专利证书

外观设计名称：感应灯(E)

设　计　人：娄梦琳;张春彬

专　利　号：ZL 2011 3 0011190.4

专利申请日：2011年01月12日

专 利 权 人：张春彬

授权公告日：2011年06月08日

本外观设计经过本局依照中华人民共和国专利法进行初步审查，决定授予专利权，颁发本证书并在专利登记簿上予以登记。专利权自授权公告之日起生效。

本专利的专利权期限为十年，自申请日起算。专利权人应当依照专利法及其实施细则规定缴纳年费。本专利的年费应当在每年01月12日前缴纳。未按照规定缴纳年费的，专利权自应当缴纳年费期满之日起终止。

专利证书记载专利权登记时的法律状况。专利权的转移、质押、无效、终止、恢复和专利权人的姓名或名称、国籍、地址变更等事项记载在专利登记簿上。

局长 田力普

2011年06月08日

图 8-22　LED 感应夜灯 E 外观专利证书

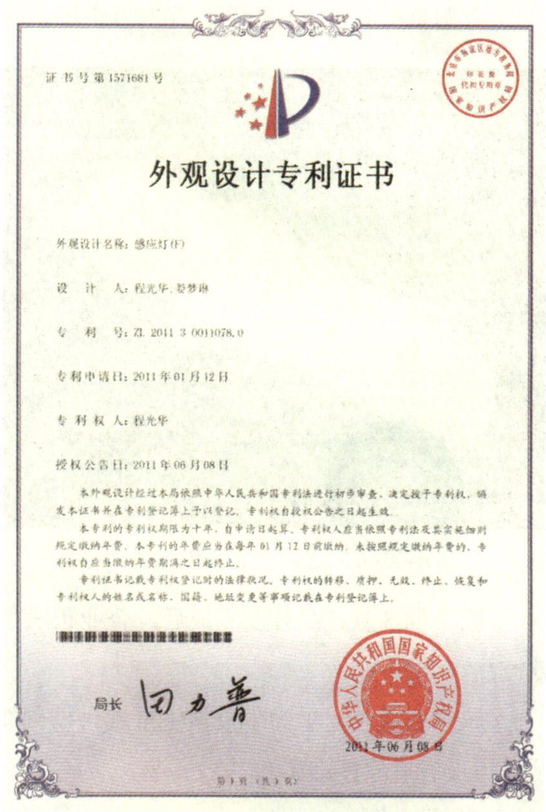

证书号第1571681号

外观设计专利证书

外观设计名称：感应灯(F)

设　计　人：程光华;娄梦琳

专　利　号：ZL 2011 3 0011078.0

专利申请日：2011年01月12日

专 利 权 人：程光华

授权公告日：2011年06月08日

本外观设计经过本局依照中华人民共和国专利法进行初步审查，决定授予专利权，颁发本证书并在专利登记簿上予以登记。专利权自授权公告之日起生效。

本专利的专利权期限为十年，自申请日起算。专利权人应当依照专利法及其实施细则规定缴纳年费。本专利的年费应当在每年01月12日前缴纳。未按照规定缴纳年费的，专利权自应当缴纳年费期满之日起终止。

专利证书记载专利权登记时的法律状况。专利权的转移、质押、无效、终止、恢复和专利权人的姓名或名称、国籍、地址变更等事项记载在专利登记簿上。

局长 田力普

2011年06月08日

图 8-23　LED 感应夜灯 F 外观专利证书

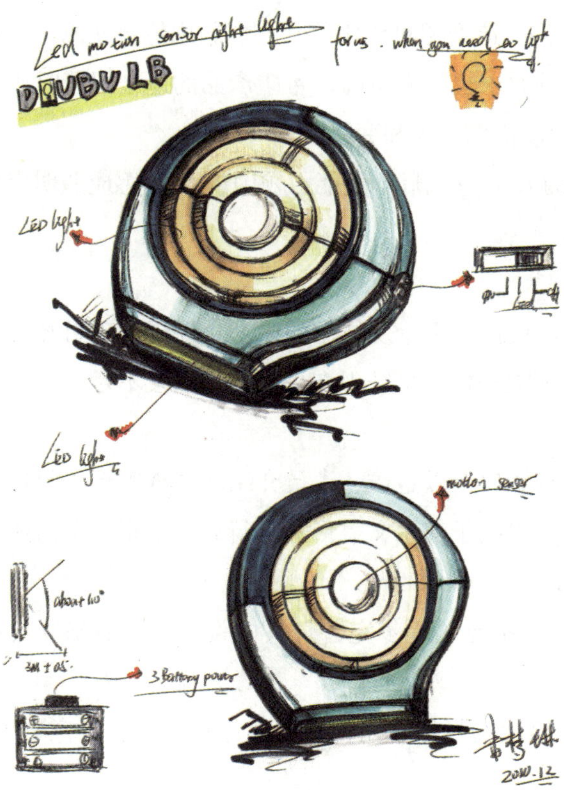

图 8-24　LED 感应夜灯 F 手绘图

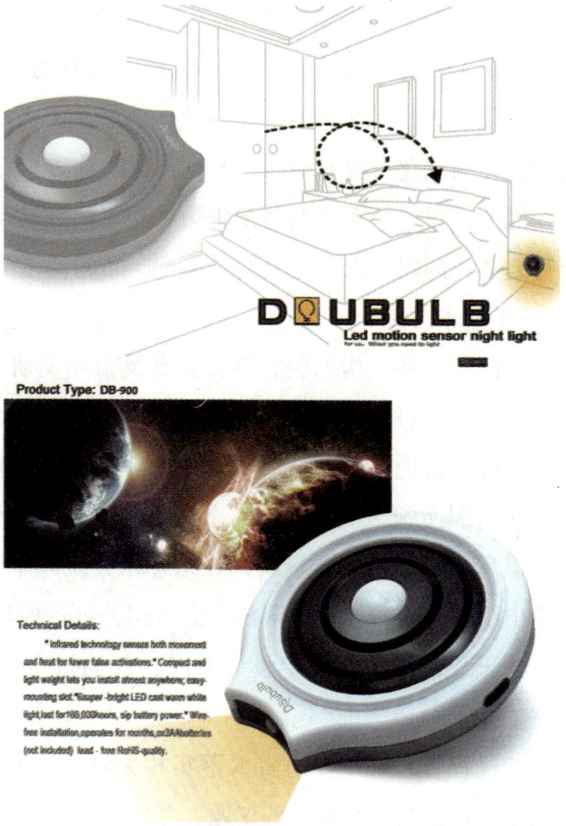

图 8-25　LED 感应夜灯 F 产品效果图

3）有两款产品已正式投产，并上市销售，其他 3 款产品也已进入试制模型阶段，准备投产。

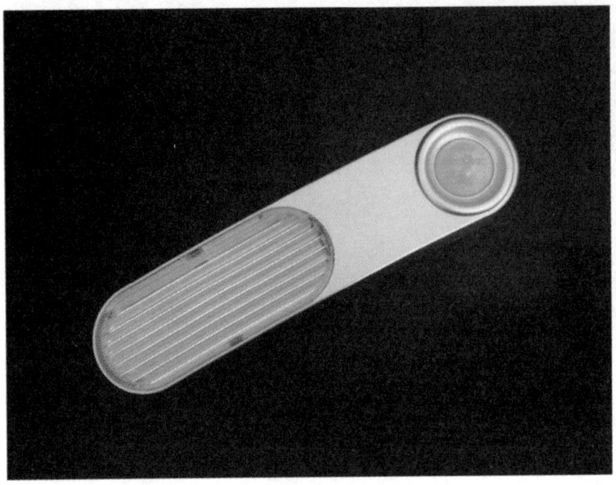

图 8–26　LED 感应夜灯 D 产品实物

图 8–27　LED 感应夜灯 E 产品实物

4）第一期 5 款产品开发完成后，企业很满意，已经与企业签订了第二期的合作协议，准备再开发几款产品。

5）该项目成功立项为学校学生重点科技创新项目，正在申报省级大学生科技创新项目，并作为优秀项目申报省挑战杯比赛。

（2）项目介绍。

1）设计目的。现在全球倡导低碳、节能的理念，LED 照明越来越被广泛地应用于我们生活工作的各个领域，感应照明更是融入到了我们的生活中，市场对它的需求也日益增大。

目前 LED 感应照明灯具大多是模仿国外的灯具造型，造型相对比较单一，多采用传统光源，功耗较高，随着人们的生活品质的提高，人们对产品外观的要求也越来越高，希望产品的造型跟着时代潮流的变化而变化，要有新意，要有独特的地方，也要有功能的叠加和变化。

因此，设计一系列的造型新颖、功率高和功耗低的 LED 感应灯不仅能引领国内 LED 感应照明市场流行趋势，同时可以满足人们对该类产品的使用需求。

2）基本思路。

a. 前期准备。构思创意创新方案及市场调研全组成员进行理论及技术的学习，并规划项目经费预算，完成可行性报告。对市场上现有的灯具产品做全面地分析，总结现有灯具的特点及不足。最后设计小组成员讨论，得出结论并制定市场调研的方向。

b. 组织实施。根据讨论结果，由专人负责进行市场调研，以走访、人员介绍和调查等形式收集资料，最后通过整理调研资料，并结合相关统计学知识，以电子演示文稿形式进行调研汇报，全组成员讨论出结果，由指导老师审核，提出相关可行性建议。

构思设计方案，确定设计方向，并通过专业老师的指点，逐步完善灯具的设计，最后确立设计方案。

c. 过程管理。主要负责人落实相关环节，制定阶段性的目标，完善项目实施环节的各注意事项。定期组织讨论与项目相关的议题，并由专人负责记录。

d. 实施环节。落实设计方案，负责人调配好组员的工作，分工明确，由专人负责创新灯具草绘的构建、计算机的辅助设计及形成概念的模型。其间请教老师进行辅助工作。

分析概念模型的结构和材料加工工艺，结合所学的机械设计的有关知识，设计出加工图纸，在老师的指导下，通过相应的加工设备，制作实物模型。

在专业老师的指导下，收集并整理资料，了解相关专利的申请条件，进行专利申请。然后对专利进行转化，最后进行市场推广工作。

3）创新点。在本项目中，主要从产品的形态、功能和系列化设计几个方面入手。

a. 中国风系列。设计一系列关于中国风纹饰的感应灯，利用一些中国传统纹样去做一些突出中国风的设计。

b. 太空系列。设计一系列与太空飞行物造型相关相似的产品，相对于中国风系列，这套产品显得更有科技感，造型也比较时尚前卫。

c. 功能创新。在功能方面，除了考虑给产品叠加一些功能外，又增加了几款附带手电功能的和悬挂功能的系列产品。

d. 儿童系列。计划设计一些面向儿童的产品，例如可携带的感应灯，以为儿童提供方便。

e. 家庭系列。稳定性及抗干扰性强，采用主动式红外线工作方式，不仅适合家庭使用，也更广泛应用于要求较高的商业和工业等场合。

f. 采用 LED 技术。采用更先进的芯片组，高度集成的电路板控制，使 LED 灯珠的功率更高，功耗更低，为相同容量的电池提供更长的供电时间。

产品投产使用后，将降低在夜间由于光线昏暗带来的安全隐患。LED 照明是响应国家节能减排的号召，是现今的低碳环保的健康的照明方式。

4）技术指标。

a. LED 感应灯采用一发一收主动红外线技术，一体化编解码方式发射，解码接收，控制输出，8 位单片机制作功能强大，采用工业区级芯片，负载能力广，抗干扰能力强，适用于任何场所。

b. 发光原理。在半导体材料的 PN 结中，注入的少数载流子与多数载流子复合时会把多余的能量以光的形式释放出来，从而把电能直接转换为光能。光源特点：LED 使用低压电源，供电电压为 6 ~ 24V，根据产品不同而异，因此它比使用高压 LED 光源电源更安全，并且节能对环境无污染，显色性高，不会对人的眼睛造成伤害，响应时间短，对使用环境要求低，适合于多变的使用环境。

c. LED 照明控制芯片采用进口技术 MCU 电路设计而成，功率高、功耗低、更节能。

d. 感应开关为主动式红外线工作方式，具有稳定性好、抗干扰能力强等特点。在现代社会，节能、绿色、环保已成为大众关注的焦点，而 LED 灯具则是把电能全都转换为光能，不会造成能源的浪费。感应夜灯因其使用方便和节能越来越为人们所接受，广泛应用于家庭和工业场所。

e. 材料选择。感应灯表面的材料，可选用回收材料，也可根据不同的造型需求选用不同的材料。例如，在所设计的中国风系列感应灯中，由于在灯的表面设计了很多中国传统纹样，但因选用的塑料材质不能成型，因此决定上部结构的花纹部分用铝材制作。铝材抗氧化性强，在户外使用时，可以延长产品的使用寿命。此外，在制作模型时还应考虑感应器与产品的位置关系。

5）使用说明。

a. 如何使用。是一个自动开关控制电路，有多种类型，开关闭合（即开灯）的方式有“声控”、“触发”、“感应”和“光控”等，断开的方式基本是一样的，由一个延时电路（工作一段时间后自动断开）控制。

按压式开关，下有电容，很薄，一用力就会导致电压和电阻变化，即所谓压感电容，由放大电路放大电压变化，接通计时电路与继电器。触摸式开关，由电传导触发，按钮是金属的，发出微弱电流通过人（导体）与大地形成通路，从而灯亮。全自动人体红外线感应开关，适用于走廊、楼道、仓库、车库、地下室和洗手间等场所的自动照明和抽风换气等用途，体现楼宇智能化及物业管理的现代化。

b. 功能特点。基于红外线技术的自动控制产品，当有人进入开关感应范围时，专用传感器探测到人体红外光谱的变化，开关自动接通负载。人不离开且在活动时，开关持续接通；人离开后，开关延时自动关闭负载，人到灯亮，人离灯熄，亲切方便，安全节能。具有过零检测功能：无触点电子开关，延长负载使用寿命。应用光敏控制，开关自动测光，光线强时不感应。

c. 安装调试。因开关左右两侧比上下两侧的感应范围大，因此安装开关时，应使其正轴线与人的行走通道方向尽量相垂直，这样可以达到最佳感应效果。安装好开关后加电，当环境光线充足时，灯泡将会闪三次，一分钟后初始化结束，开关进入监控状态，用物体遮住环境光线使开关感应工作，人不离开且在活动时，开关持续接通；人离开后，开关自动延时关闭负载。安装好开关后加电，当环境光线不足时，开关直接进入监控状态，人不离开且在活动时，开关将持续工作。

6）技术特点。感应灯是采用进口技术 MCU 电路设计而成，主动式红外线工作方式，具有稳定性好、抗干扰能力强等特点，带有红外解码方式，广泛应用于要求较高的商业和工业等场所，是新一代的绿色节能照明灯具。结合原有功能，设计上又附加了手电功能，而外观则采取了系列化设计，以吸引顾客眼球。

7）推广范围。现在的人们不仅追求时尚、个性化的产品，也追求新鲜的产品，因此感应灯已被越来越多的家庭所需要。这类产品属于冲动型消费产品，人们对于外观要求高、需求量大，这也正是市场所在。LED 感应灯采用主动红外线技术，采用工业区级芯片，负载能力广，抗干扰能力强，适用于任何场所。产品不但可以在国内推广，还可以远销到国外。

8）经济效益与社会效益。预计每款产品年销量约 2 万只，一组系列产品预计可以销售 10 万 ~ 20 万只，给企业带来的经济效益是可观的，市场前景乐观。

申请获得若干项专利，有利于推动对知识产权的重视程度的提高。

尽量选用绿色环保材料，便于运输，减少意外损失，做工精细，风格独特。感应器和灯的结合要协调且巧妙。表面可印花，美观。采用天然的、无污染材料，不对环境造成污染。可循环利用，节约材料。

产品投产使用后，将降低在夜间面临的光线昏暗所带来安全的隐患。

LED 感应照明的节电特性也是现今倡导的低碳环保的健康的照明方式。

第9章
Chapter9

优秀设计案例分析

1．戴森无扇叶电风扇

作品名称：戴森无扇叶电风扇（见图 9–1），获 2010iF 产品设计金奖（iF product design award 2011）。

设计：詹姆士·戴森，德国（James Dyson, Germany）。

设计说明：戴森无扇叶电风扇是没有扇叶的风扇。设计师 Dyson 的创新设计几近完美，集合声学工程科技，材质和外形都是绝佳之作。产品极具热塑性，达成坚固和轻巧的理想平衡。

制造商：戴森公司，德国（Dyson GmbH, Germany）。

源自：http://www.ifdesign.de/。

图 9–1　戴森无扇叶电风扇

图 9-2　旅行箱

2. 旅行箱

作品名称：旅行箱（见图 9-2），获 2010 红点奖，最佳设计奖（best of the best）。

设计：奥山清行，日本（Ken Okuyama, Japan）。

设计说明：采用折叠结构技术的折纸概念，灵感来自传统的日本民间折纸鹤，由一整块 10 层的胶合板打造，承重可达 400kg。

制造商：Tendo Co., Ltd., Japan。

源自：http://en.red-dot.org/。

3. 竹便携餐具（Bamboo stips for picnic）

作品名称：竹便携餐具（见图 9-3）。

设计：李涯、姜小凡、翟震、李磊、张晓磊。

设计说明：这是一款便携的竹制书简外形的餐具套组。设计的构思源自中国汉代书简的启发，具有东方意象，融合古今。卷起的便携方式为日趋繁忙的人们提供了快捷环保、卫生实用的就餐新体验。掰取餐具的方式模拟了汉代儒士刀刻竹简的情景，诙谐地再现了中国历史文化的内涵。提供了一种有趣传统的体验。选用竹材制作，倡导环保的绿色生活方式。

图 9-3　竹便携餐具

4. 转换螺丝刀（switch screwdriver）

作品名称：转换螺丝刀（见图 9–4）。

设计：刘云龙、贾鹏、程鹏、王东东、辛瑶遥。

设计说明：更便捷，更实用，这就是我们的 switch–screwdriver。普通的螺丝刀在使用时，由于是靠摩擦生力，最后往往不容易拧紧。该螺丝刀的金属部分可以弯折 90°，并且有锁定件，使用更省力，可以把螺丝拧得更紧。

图 9–4　转换螺丝刀

5. LED 感应灯

作品名称：LED 感应灯（见图 9–5）。

设计：娄梦琳。

指导老师：张春彬。

设计说明：利用红外感应式的开启模式控制灯的开关，符合夜灯的使用环境，在节能的同时方便使用。

图 9–5　LED 感应灯

6. 迷你挂式洗衣机

作品名称：迷你挂式洗衣机（见图 9–6）。

设计：张博文。

指导教师：吴冬俊。

设计说明：迷你的造型，符合单身人士使用，更能为单身公寓节省空间。

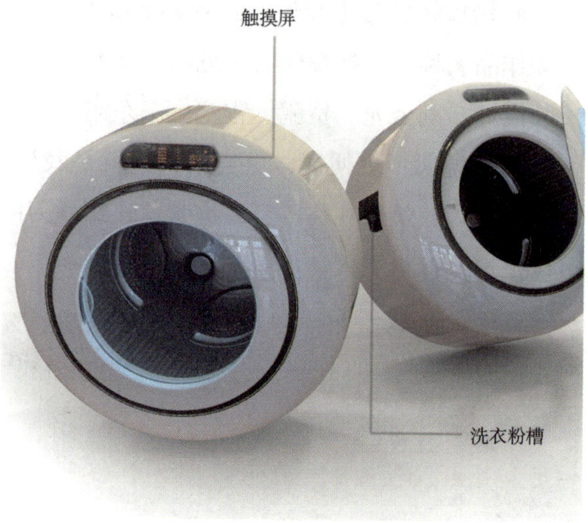

图 9–6　迷你挂式洗衣机

7. 鼓灯

作品名称：鼓灯（见图 9–7）。

设计：翁晶晶。

指导教师：张春彬。

设计说明：取意中国拨浪鼓，将其传统元素融入照明功能，增加趣味性，更符合特定人群使用。

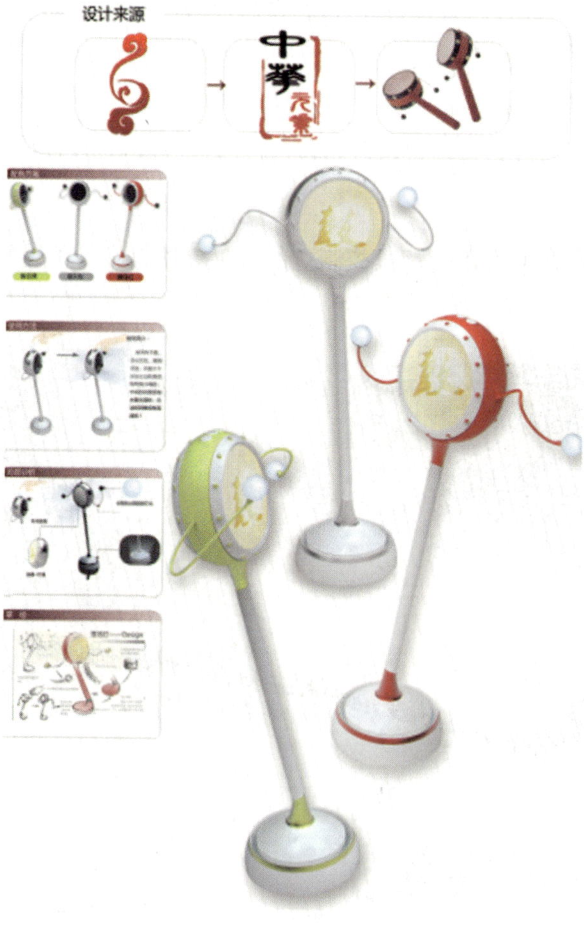

图 9–7　鼓灯

8. 直发器

作品名称：直发器（见图 9–8）。

设计：翁剑雄。

指导教师：邬琦姝。

设计说明：取意鳄鱼、球杆、水果的生活体验，源于生活的点滴，又回归于生活。

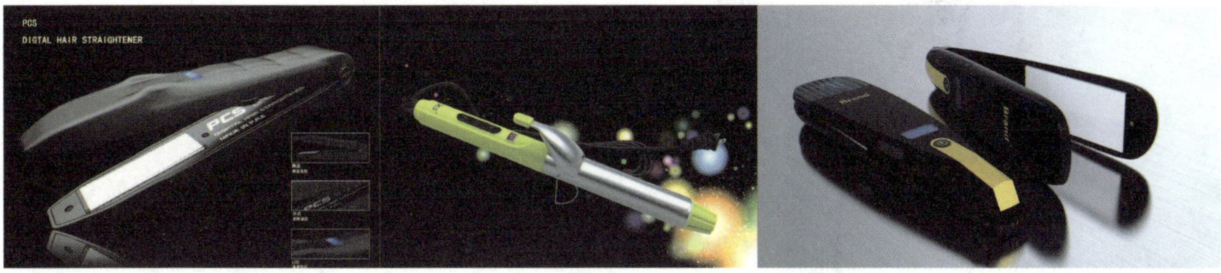

图 9–8　直发器

9. 竹艺家居用品设计

作品名称：竹艺家居用品设计（见图 9–9）。

设计：娄梦琳。

指导教师：张春彬。

设计说明：关注绿色设计，可再生资源的利用，简易的组合方式，美观大方的原生态造型，适合原产地生产。

图 9–9　竹艺家居用品设计

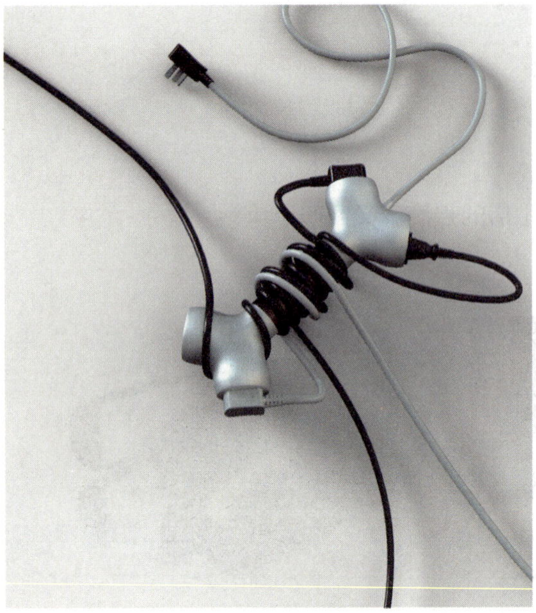

图 9-10　趣味骨头插线板

10. 趣味骨头插线板

作品名称：趣味骨头插线板（见图 9-10）。

设计：宣明峰。

指导教师：吴冬俊。

设计说明：取意骨头的造型，便携实用，趣味性强。

11. 公仔调味罐

作品名称：公仔调味罐（见图 9-11）。

设计：潘琼琦、洪婷婷。

指导教师：邬琦姝。

设计说明：中国传统元素的应用，赋予该产品“家”的寓意，“加加”组合更赋家的乐趣。

图 9-11　公仔调味罐

12.“韵”茶具系列

作品名称:“韵”茶具系列(见图 9-12)。

设计:张雅卿。

指导教师:张春彬。

设计说明:很好地诠释了传统元素的现代应用,利用符号化的造型高低错落的系列设计,充分体现家的节奏。干杯!我们是一家人。

图 9-12 “韵”茶具系列

13.“杏”花怒放文具系列

作品名称:“杏”花怒放文具系列(见图 9-13)。

设计:杨晟赟。

指导教师:张春彬。

设计说明:取意杏花盛开的造型,作品传递着春的气息,带给使用者愉悦轻快的心情。

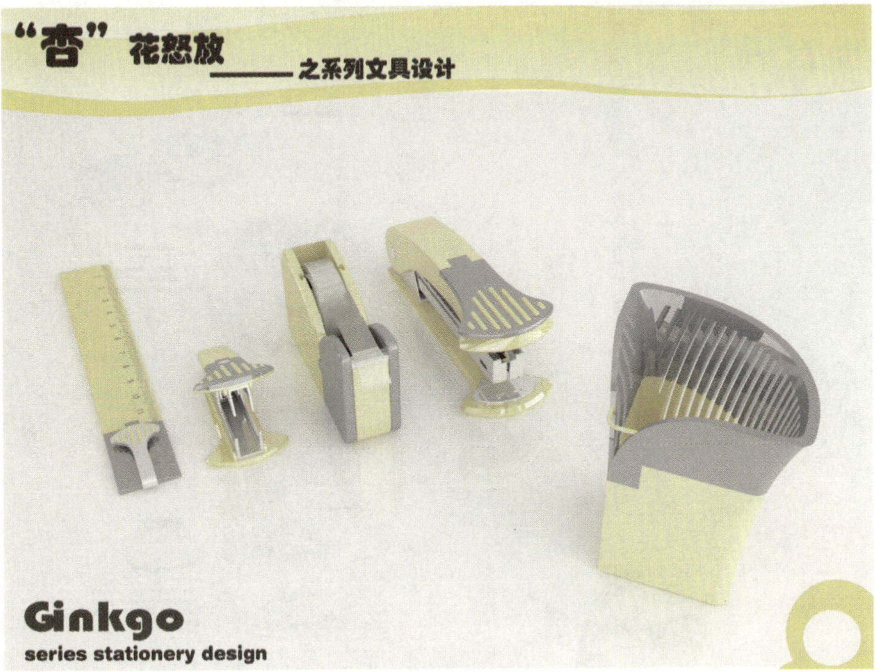

图 9-13 “杏”花怒放文具系列

14. 旋转笔筒

作品名称：旋转笔筒（见图 9–14）。

设计：张韵若。

指导教师：吴冬俊。

设计说明：取意民间竹编工艺，挥指之间，完成办公用品的放置与拿取。

图 9–14　旋转笔筒

15. 组合小音箱设计

作品名称：组合小音箱设计（见图 9–15）。

设计：章李胜。

指导教师：邬琦姝。

设计说明：声与光的交错，形与意的融合，打造现代简约生活的视听享受。

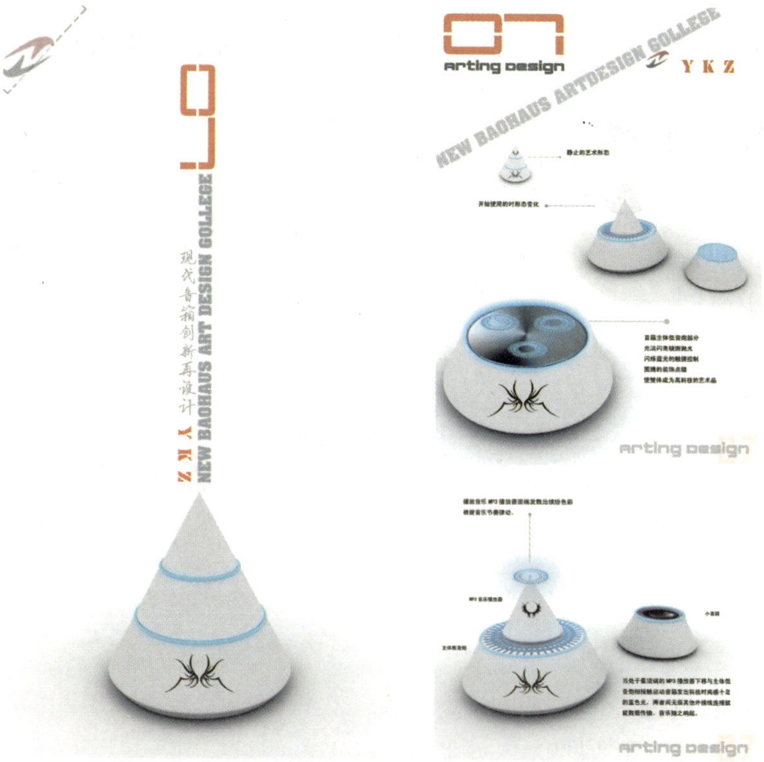

图 9–15　组合小音箱设计

16.“凝动”系列 LED 照明工具

作品名称:“凝动”系列 LED 照明工具(见图 9-16)。

设计:娄梦琳。

指导教师:张春彬、邬琦姝。

设计说明:橙与灰,工具类产品永恒的搭配,充分考虑不同环境下对光的要求,利用不同的方式,向人们展示照明的美与实用的结合。

图 9-16 “凝动”系列 LED 照明工具

17.“章鱼宝宝”多头插线板

作品名称：“章鱼宝宝”多头插线板（见图 9-17）。

设计：杨帆。

指导教师：吴冬俊。

设计说明：“章鱼多变的表情，哪个更符合使用的你？”该设计解决了相邻插头互挤的问题，而且使用安全。

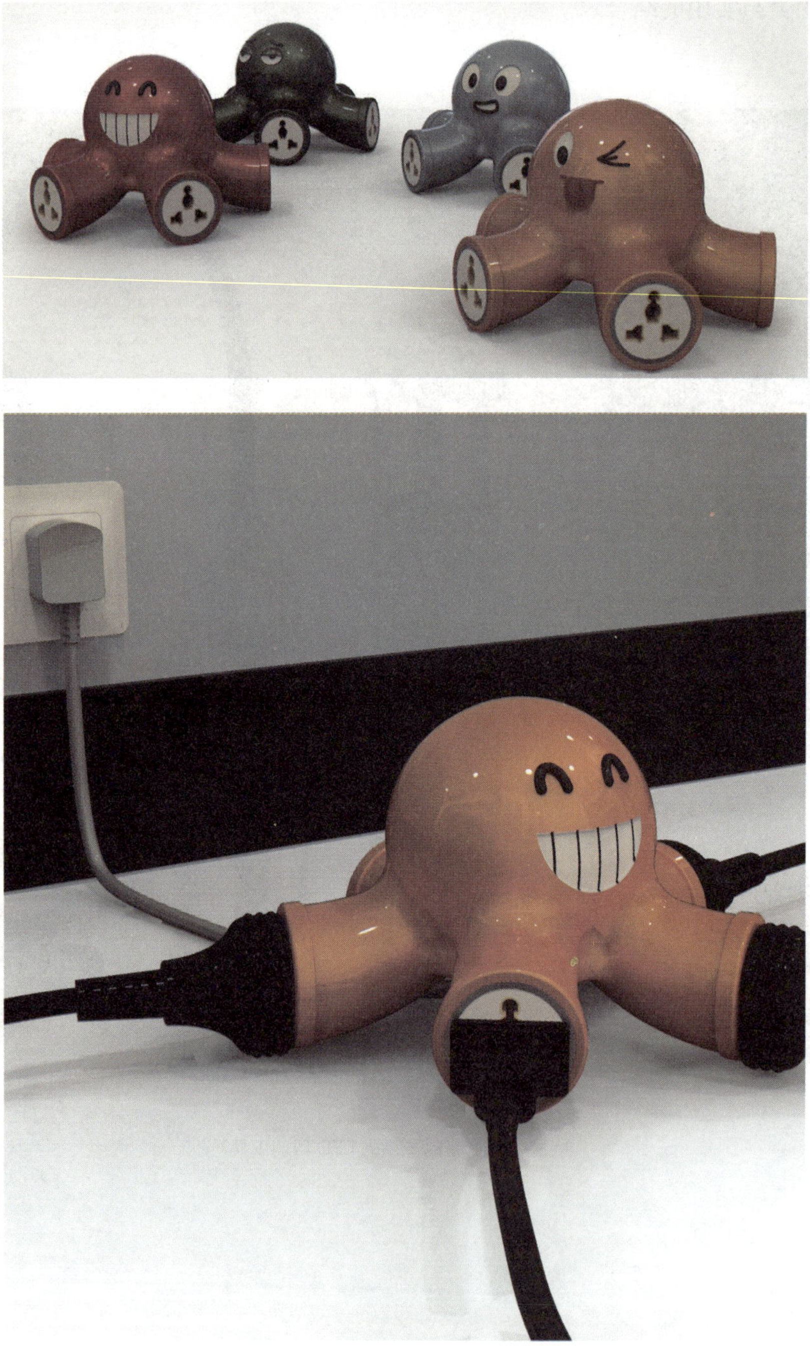

图 9-17 “章鱼宝宝”多头插线板

参考文献

[1] 叶文虎 . 可持续发展引论 [M] . 北京：北京高等教育出版社，2001.

[2] 何人可 . 工业设计史 [M] . 北京：北京理工大学出版社，2000.

[3] 蕾切尔・卡逊著，吕瑞兰，李长生译 . 寂静的春天 [M] . 吉林：吉林人民出版社，1997，45-46.

[4] 王继成 . 产品设计中的人机工程学 [M] . 北京：化学工业出版社，2011.

[5] 阮宝湘 . 工业设计人机工程 [M] . 北京：机械工业出版社，2010.

[6] 丁玉兰 . 人机工程学 [M] . 北京：北京理工大学出版社，2005.

[7] 柴春雷 . 人体工程学 [M] . 北京：中国建筑工业出版社，2009.

[8] 江湘芸 . 设计材料及加工工艺 [M] . 北京：北京理工大学出版社，2003.

[9] 汤军 . 产品设计——造型设计基础 [M] . 武汉：华中科技大学出版社，2007.

[10] 李亚军 . 产品设计基础 [M] . 南京：江苏美术出版社，2007.

[11] 邱松 . 造型设计基础 [M] . 北京：清华大学出版社，2005.

[12] 汤姆・凯利，乔纳森・利特曼 . 创新的艺术 [M] . 北京：中信出版社，2004.

[13] 斯蒂芬・贝利，菲利普・加纳 . 20 世纪风格与设计 [M] . 四川：四川人民出版社，2000.

[14] 田巍 . 思维设计——造型艺术与思维 [M] . 北京：北京理工大学出版社，2005.

[15] 邓耕生，邓向荣 . 商品学理论与实务 [M] . 天津：天津大学出版社，2000.

[16] 刘俊哲 . 消费类数码产品可持续设计之应用 [D] . 硕士学位论文 . 无锡：江南大学设计学院，2008.

[17] 李广通 . 小家电产业发展研究分析 [D] . 硕士论文 . 厦门：厦门大学，2008.

[18] 王薇 . 产品设计开发中的可持续策略研究 [D] . 硕士学位论文 . 北京：清华大学美术学院，2006.

[19] 王琦 . 厨房小家电产品的体验性设计研究 [D] . 硕士论文 . 山东：山东大学，2008.

[20] 侯冠华 . 语义学在产品形象设计中的应用 [J] . 科学之友（理论），2008,（3）.

[21] 曹春晓，刘磊 . 浅析可持续设计思想 [J] . 发明与创新，2004.08 : 8-9.

[22] 何人可 . 绿色设计 [J] . 设计在线 / 设计视角，2001（8）.

[23] 马祖军 . 绿色设计的主要内容和方法的研究 [D] . 硕士学位论文 . 重庆：重庆大学，1999.

[24] 杨明朗，蔡克中 . 工业设计的未来之路——绿色设计 [J] . 包装工程，2001，22（3）.

[25] 何祖顺 . 产品绿色设计理论及应用研究 [D] . 硕士学位论文 . 昆明：昆明理工大学，2006.

[26] Lennart Y, Ljungberg. Materials selection and design for development of sustainable products Materials and Design.28 (2007) 466-479.

[27] 李兴虎 . 汽车环境保护技术 [M] . 北京：北京航空航天大学出版社，2004（11）.

[28] DOROTHY Mackenzie. Green Design : Design for the Environment [M] . London : Laurence King，1997.

[29] 李丹，碧林，陶晋，洪华 . 基于可持续性设计思想的产品再设计 [J] . 包装工程，2007（1）.

[30] 谭宁，沈大为，江建民 . 小家电的人性化设计［J］. 江南大学学报（人文社会科学版），2003（6）.

[31] 李广通 . 小家电产业发展研究分析［D］. 硕士论文 . 厦门：厦门大学，2008.

[32] 肖军 . 未来小家电发展的特点和趋势［J］. 电子技术，2007（7–8）.

[33] 刘忠光 .2009 年小家电的春天［J］. 生意通，2009（8）.

[34] 陈圻 . 功能设计——价值工程创新的生长点［J］. 价值工程，1998（2）：18–20.

[35] 张玲玉，等 . 现代产品的功能设计［J］. 包装工程，2007（7）：136–139.

[36] 王琦 . 小家电产品的体验性设计研究［J］. 艺术探索，2008（2）.

[37] 陈钦，李伟新 . 小家电设计断想［J］. 美术学报，1995（16）：5–6.

[38] 张志华，吴国荣 . 论绿色产品设计的理念与准则［J］. 包装工程，Vol.25 No. 5，2004：108–119.

[39] 刘飞，曹华军 . 绿色制造的理论体系框架［J］. 中国机械工程，2000，11（9）.

[40] 戚赟徽，等 . 家电产品绿色设计工具［J］. 家电科技，2005（9）.

[41] 肖艳 . 未来家电设计的“畅想曲”［J］. CAD/CAM 与制造业信息化，2007（7）.

[42] 王振明 . 小家电产品开发的新途径［J］. 中国科技信息，1990（10）.

[43] 邵振波 . LED 普通照明灯具设计趋势研究［D］. 硕士学位论文 . 上海：上海交通大学硕士论文，2007.

[44] 设计在线 http：//www.dolcn.com.

[45] 北京娱乐信报 . 四类主攻节能环保的概念车 . 中国新闻网 .
http：//www.chinanews.com/，2007–10–26.
http：//www.chinanews.com.cn/auto/kong/news/2007/10–26/1059879.shtml.

[46] 未来厨房的七种“新武器”，http：//www.ouhai.gov.cn，2007–12–06《时尚家居》.

[47] 方太集团主页，http：//www.fotile.com/index.aspx.

[48] 沁园集团主页，http：//www.qinyuan.cn/.

[49] 宁波设计杂志——工业设计专栏 .

[50] 飞利浦官网，http：//www.philips.com.cn/.

[51] 松下官网，http：//panasonic.cn.

[52] 西门子主页，http：//www.siemens–ha.com.cn/index.php.

[53] 博西贾滨：西门子是一种生活方式和态度，中国家电网 2009–09–07，http：//www.cheaa.com/News/QiYe/2009–09/72445.html.